天下雜誌
觀念領先

Marketing 5.0
Technology for Humanity

行銷5.0

科技與人性完美融合時代的全方位戰略，運用MarTech、設計顧客旅程，開啟數位消費新商機

菲利浦·科特勒
陳就學
伊萬·塞提亞宛
著

CONTENTS

Part 3
科技帶動行銷的全新策略

Part 4
運用行銷科技的全新戰術

推 薦 序

行銷 5.0：科技造福人類

張志浩

三十多年前在美國唸行銷，讀的是 Philip Kotler《行銷學》第五版，概念上已經是 2.0。過去十幾年，學校教書都是以《行銷 3.0》、《行銷 4.0》為學生的指定參考書。在工作上，過去三十多年也歷經了 2.0、3.0、4.0，到現在的 5.0，也見證台灣的行銷發展軌跡。

本書前兩部份，就是一部行銷發展史。快速的介紹消費者輪廓，從嬰兒潮世代到 X、Y、Z，到最新的 α 世代。從產品導向到顧客利益導向，從以人為本的行銷 3.0，到 4.0 數位轉型，以及科技服務人類的 5.0。

這些不僅是告訴我們目前行銷的操作運用的方向，同時必須有更多的人文審視及反思。例如數位化所導致企業、消費者對未來的不安全感、隱私問題、或同溫層聚集後造成假真相的世界等等。

行銷 4.0 談的是數位及傳統行銷整合上的工具及運用。但 5.0 除了科技運用之外，更回歸人類本質，檢視這些行銷發展後，對人類所帶來的影響，以及對品牌帶來的衝擊。我們也知道 COVID-19 是數位化的加速器，雖然數位化現在是全民運動。但是個人在一年至少有一、二十場的企業演講、輔導，發現企業數位化的認知、行動到落實，這中間還是有非常大的落差。

本書的第三部份，說明企業必須先了解本身企業數位化程度，處在哪一種象限狀況（原點、前推、後動、全面）？才能夠評估自己企業數位化能力，從而打造數位基礎建設、到組織架構建立、了解客群的顧客旅程，進而提供消費者數位體驗，以完成最後企業永續承諾。所以本書不只是行銷人員閱讀，更適合企業老闆們進行企業數位化的指南。

第四部分談行銷的全新戰術。如何運用大數據，建造一個企業生態系統。透過預測行銷，超前部署，並為消費者打造個人化感知的品牌體驗。落實科技運用，讓擬人科技與消費者互動，但真人互動仍是消費者和品牌之間最佳活化劑。

行銷 5.0 不僅是理論、工具書，並強調不管人工智慧如何運用，總還是擬人，代替不了人類的感知及同理心。所以建立一個以人為本、連結人性、產生共鳴的行銷環境，是當前企業的轉型課題。

（台灣邁肯行銷傳播集團董事長暨執行長）

推 薦 序

在行銷 5.0 時代中，沒有人是行銷的局外人

邱威凱

從上個世紀 90 年代以來，行銷大師科特勒出版的一系列行銷書籍，不只是商管學院的教科書，更是所有行銷人不時需要拿出來閱讀省思的圭臬。大師更是奉行了持續努力並且動態改變，不斷的隨著環境變化與消費行為改變而發行新的版本。在 2016 年出版的《行銷 4.0》中，科特勒提到了數位轉型議題，就已經明確提到了行銷科技（MarTech）的應用，不只是社群貼文、程序化精準投放而已，而是更積極的應用數位科技，讓線上與線下的服務體驗融合。

五年過去了，資訊通訊科技帶來的數位經濟，對各行

各業的影響越來越深遠，套句阿里巴巴執行長張勇曾說過的：「沒有電子商務，只有商務電子化。」2021 年的後疫情時代，世界的經濟典範已經到了「沒有數位經濟，只有經濟典範數位化」。可以說，所有的商業活動都在面對資通訊環境帶來的「經濟典範數位化」的歷程。

下文是筆者一方面呼應大師提到的行銷 5.0，一方面是身在產業中看到與親身體驗所彙整出來的一些看法，與各位讀者共同勉勵與分享。

經濟典範	工業經濟	數位經濟
資本／能源	貨幣／石油、電力	數據／運算力
加值方式	製造加工	演算法
通路	實體通路	數位平台、虛實整合
溝通對象／分群方式	消費大眾／顧客族群	分眾、產銷合一者／利益、場景
商品獲利方式	所有權販賣	使用權
網路	互聯網	物聯網
出版／傳播者	寡占式大眾媒體（紙媒、電視等）	everyone is publisher／分眾與自媒體
內容／格式	文字、聲音、影像	虛擬實境、體驗
MarTech	使用者	開發者、參與者

經濟典範	工業經濟	數位經濟
數據源	第三方	第一方
流量	成本	資產
數據用途	品牌知名度、流量導流	忠誠度、新消費需求探勘、新事業驅動

先從產業的**生產要素**談起，經濟學上來說資本指的是生產要素，用來生產商品、服務以累積物力、財務的資源。農業時代最重要的資本是參與勞動的「人數」，以及牲畜的「頭數」。在工業時代規模經濟最需要的是貨幣，而要驅動自動化設備最重要的能源則是石油與電力。

在數位經濟時代，最重要的生產要素將會從具象的生產設備、貨幣轉移到數據（data），而要將數據變成有價則需要強大的運算力。在數位經濟時代，資本的加工方式是利用不同專業領域知識與「演算法」將數據這個資產活化或變現。在日益強大與隨處可得的運算力加工下，數據經由演算法得來的成果，或成為產業決策判斷參考，或在邊緣計算下直接變成新型態的服務提供消費者，又或進一步發展走向具有推理與決策判斷能力的 AI。屆時 AI 帶來的自動化不只會取代勞力工作者，甚至取代部份的知識工作者。但數位經濟時代，數據的優勢更容易引發寡頭資本（data）壟斷，帶來的衝擊將不僅是競爭的公平性，可能是競爭機會的壟斷，甚至是不可逆的壟斷獨占門檻。另外，在數位經濟時代政府要扮演的不該僅是法令制定的監管者，其實可以扮演更積極的數據整合應用者，協助產業的數據整合應用，甚至是跨產業的整合協調者。有了政府積極的整合，產業界更容易發揮數據優勢，例如，數量上（volume）、跨產業的多樣性（variety）。跨產業的合作，才能有機會創造新的競爭優勢，甚至產生創新的產業機會。

再來談**顧客與顧客旅程**，在工業經濟時代，生產者藉由巨大的廠房與自動化的生產設備，盡可能地降低生產邊際成本、大量生產相同產品，消費者的輪廓是以人口條件描述，透過實體通路將商品銷售給消費大眾。消費者藉由大眾媒體接收生產者提供的訊息，認知到品牌／商品、產生好感／偏好、考慮購入、最後產生品牌／產品的偏好與忠誠，此時的消費旅程彷彿是一個漏斗逐一篩選的過程。

在數位經濟的**顧客與顧客旅程**，通訊與運算科技發展至今，數位環境讓消費者與生產者的互動方式是多管道的，消費者也不再是被動的接受訊息。生產者有更多方式了解消費者，也有能力處理更複雜，甚至是非結構性的消費者相關資訊，對消費者的描述可以超越人口統計的方式，例如依據消費情境等更貼近消費當下的描述方式。在商品的多樣性方面，越來越多生產者也具備少量多樣的生產能力，使得消費者越來越容易享受趨近客製化商品或服務。例如，許多募資平台商品，即使生產數量不高，仍舊提供消費者許多選擇性，甚至是邀請消費者參與產品設計與生產（產消合一者，prosumer）。消費者定義從行銷 4.0 開始就已經開始改變，品牌與消費者之間已經是密切互動，到了行銷 5.0，消費者的參與程度將會更深入，可能從源頭開始。除了消費者外，消費這件事情也重新被定義，甚至過去主要消費是所有權的交易，在現在比重將傾斜到使用權經濟，更多交易的場域在數位世界完成，不論是實體或虛擬商品。數位時代因為科技，消費者與生產者／品牌的距離短了，消費旅程加速了，過程不再是單向式漏斗，而是一連串互動隨時變化的過程。

在**通路**的部分，以虛實整合議題來看，數位原生與傳統產業出發業者，則面對著不一樣的問題。以數位原生的業者為例，它們本來就是在線上透過數位技術做線下的生意，後來變成數位平台模式，甚至是自成 ecosystem。以 Amazon 為例，1994 年從最大的書店（線上書店）出發，2007 年發表電子書閱讀器 Kindle，09 年成立 Amazon Publishing，到 2010 年電子書銷售大於紙本書，一路從書本零售到出版持續整合。這些業者進行虛實整合的動機來自於：線上流量成長趨緩。數位線上的成長開始趨緩，也代表著成長紅利將要消失。目前的幾個數位巨頭當然也早早預見此狀況，既然在線上成長不易，線下還有大筆的生意／市場可以進攻，自然就是往線下成長。

對於非數位原生的產業或業者來說，要面對的將會是更嚴峻的 to be or not to be 之生存議題。數位經濟典範的轉移，帶來的將不會只是「媒體組合增加數位媒體投放」，或是「CRM 系統從地端改到雲端」，要面對的可能是更根本的事業本質議題。以汽車業來說，驅動力從汽油引擎換成電動馬達的難度，其實遠遠低於消費者對於「擁有一台車」將轉換成「享受一段旅程」。現在大家口中所謂的傳統車廠，其實早就對電動車所需要的關鍵零組件「電池」

進行布局，不管是專利或是產能，倒是數位典範帶來的「使用權經濟」，則是一個更困難的議題。以筆者服務的和泰集團來說，雖然我們早在 2014 年就投入 iRent 的經營，也在 2020 年推出乘車派遣平台 yoxi。但一路上只能說是摸石子過河，一路繳學費學習如何利用數位科技來持續優化服務體驗，我們也很清楚這是一條不走不行的數位經濟典範轉移歷程。

最後是行銷人，每天面對的日常挑戰：**溝通渠道**。在筆者念小學時，電視只有三台無線台，報紙就是中時和聯合，連自由都沒有（咦 ?!）。在那個時候，發布／出版訊息受到管制，簡單來說能夠發聲、傳播、與大眾溝通是一種特權，也是一種高成本的門檻。90 年代初期，網際網路開始發展，第一代的使用者就從校園開始，由中山大學美麗島 BBS 開啟了校園 BBS 風潮，甚至台大椰林 BBS 在某種程度上成為了「交友」平台。這些第一代的使用者中，有許多人成為了網路創業的先鋒，更有不少人擁有了品牌與企業的網路思維，現在也成為企業的中堅或領導者。2010 年左右開始的 4G 則是開展了「隨身無線連網」的年代，連網的 wifi（或 4G 訊號），也成為現代人陽光、空氣、與水之外的第四重要生存元素。在資通科技的推升下，讓訊息發布／出版的門檻與成本也趨近於 0，更驅動了眾多的自媒體蓬勃發展，不僅出現各類型網紅、直播主，甚至是虛擬的網紅與直播主。這些出版者與收聽收視者從懂事就有 4G、第一次看 MV 是在 YouTube、第一首英文歌是在串流平台，這群人也已經進入到職場中，逐漸成為消費的主力。

運算＋通訊科技一同發展到足以萬物聯網的 IoT 時代，扣除少數管制較嚴格的國家外，基本上有連網能力的個人，就可以是一個出版者。通訊科技的進步更讓訊息傳播的想像，早已經超越文字、聲音、與影像。另外，虛擬實境 VR 的進化，將不只解放影像視覺的想像，甚至可以是更具體的「體驗」分享。

數位讓人人都是出版者，是否就改變了工業經濟時代少數人壟斷傳播平台的情況？我想這個答案是令人警惕的：不是！我們從數位廣告的市場可以看到非常明顯的寡占現象，根據 eMarker 的統計數據來看，Google 和 Facebook 兩大巨頭就已經囊括至少 50％的市場占有率，在許多國家甚至是超過 70％。這代表兩大巨頭占據了大部分的消費者在數位上的觀看流量，同時也表示寡頭們掌握了超過一半的數位行為數據。

因此筆者認為，從 Marketing 5.0 時代，所有品牌應該更積極的參與，甚至開發行銷科技（MarTech）。我想所有行銷人已經開始遇到第三方 cookie 逐漸死亡，以及蘋果在 IDFA 與 iOS14.5 的隱私權政策，讓數位世界的使用者追蹤日益困難，因此品牌與企業終需面對，不能再像過去一樣只是依賴第三方數據，或把數位投放所產生的流量單純當作行銷成本而已。必須要在行銷團隊中加入工程師、數據分析師，必須思考如果要活化躺在 CRM 資料庫中的數據，還缺了甚麼？必須思考要如何把花了錢的流量變成未來的行銷資產。每一個在數位世界中互動的消費者，不該只是 GA 流量報表中的一部分而已。

針對數位訪客，不管是來自自然流量或廣告流量，企業都應該了解其個別行為，將行為轉換成標籤。盡力將未知訪客變成會員、忠誠的活躍客戶，並且從不同客戶行為數據中去找尋未被滿足的需求，甚至是新的事業機會。這樣的歷程以筆者自身的經驗，是一個不斷進行驗證（validation）的歷程。是一個驗證想法可行性（feasibility）、作業方式是否能自動化（automation），以及是否有機會事業規模化（scalability）的驗證歷程。筆者也常跟同事開玩笑，在實驗室是執行數據專案，需要注意數據的四個 V（volume, velocity, variety, and veracity），但是到了真實的商業世界，數據不是一個以上線日期為 KPI 的專案，而是一個需要驗證其延續性（sustainability）的事業，而最重要的一個 V，是沒有被提到的 validation。

最後，在數位經濟典範下，在行銷 5.0 的時代中，沒有人是數據的局外人，也沒有人是行銷的局外人。無論你是商管學院畢業，或是拿著資工、電機碩士學位，都不應該只活在自己的領域中，對於學習的好奇不該有領域的限制。企業的中堅與領導者們，多聽聽辦公室中沒看過 CD 的年輕世代們的看法，甚至試著放手讓數位經濟原生世代發揮，就跟我們在 90 年代末期把網路思維與技術的衝擊帶進職場一樣。接下來的變動，只會隨著資通環境改變商業模式、消費者行為、溝通與傳播環境，一天比一天快速，企業必須更有彈性面對變動，更有能力改變自己。數位經濟時代中，大企業要實現敏捷，都知道需要「快錯快做」，前提是要能很快的知道自己做錯，才會有機會趕快修正。

要做到這個前提，最重要的就是要讓不同領域的人才合作緊密，而且讓決策流程短且即時，才有機會保持「快錯快做」的敏捷彈性。

（和泰聯網副總經理）

推薦序

為人類所有、所治、所享的行銷科技

齊立文

「科技始終來自於人性。」這句多年前諾基亞（Nokia）還是手機霸主時的廣告詞，很適合用來做為本書的註解。這可以從人性和科技兩個面向來說明。

首先，《行銷 5.0》的這個數字系列，並非從 1.0 開始，而是源自 2009 年出版的《行銷 3.0》一書。當時談及的核心概念是，消費者在產品或服務的功能面（行銷 1.0）和個人偏好的情感面（行銷 2.0）獲得滿足之後，已經進入了不一樣的境界：期待企業或組織能夠在追求獲利（profit）的同時，還能夠對於整體人類生存環境的改善、社會問題的解決，負有更深層的追求和責任，也就是以人為本的、目的（purpose）導向的行銷 3.0。

十多年後看來，對照當前的 ESG 風潮，《行銷 3.0》從人性「精神層面需求」切入的角度，可以說是切中要旨，也充分反映出時代精神（zeitgeist）。如同作者在本書中寫道，「我們向來認為《行銷 3.0》是傳統行銷的最終階段。從智力（1.0）、情感（2.0）與精神（3.0）等三方面來服務顧客的架構於焉完成。」

科技，改變了行銷實務

然而，在過去五年間，作者們相繼出版了《行銷 4.0》和《行銷 5.0》兩本書，原因不是行銷的原理原則產生了結構性的調整或典範式的轉移，而是行銷的實務操作出現了破壞性的改變，驅動力的來源分別是「數位」和「科技」。

很長一段時間，在組織的部門／功能裡，行銷多半被視為「成本單位」，主要任務就是花錢打品牌、登廣告、推產品，我們更看重的是創意的展現、訊息的傳達，至於具體的投資報酬率（ROI）往往很難明確估算。

曾幾何時，在行銷會議上，我們開始聽見愈來愈多一開始還需要偷偷 Google 才能搞懂的英文首字母縮寫（像是

ROAS、CTR 等等）；而且在網路世界的一舉一動、一分一毫，連結到線下世界，都變得可計算、可追蹤。說得誇張一點，有時候甚至會產生自己究竟是不是在財務或 IT 部門工作的錯覺。

科技的高速發展，一直讓行銷人「痛並快樂著」。每當有新科技問世，行銷幾乎都是首當其衝，因為人人都會問，這項科技跟我有什麼關係？對我有什麼好處？進展到數位化世界，行銷人的職務更加繁重龐雜：他們之所以要了解、掌握新科技，不再只是為了行銷「科技」本身，而是這一回，科技改變了「行銷」本身。

《行銷 5.0》的出版，便是在回應這樣的需求：當已然發展、人們也聽聞許久的高科技，包括人工智慧（AI）、自然語言處理（NLP）、感測器（sensor）、機器人（robotics）、擴增實境（Augmented Reality）、虛擬實境（Virtual Reality）、物聯網（IoT）和區塊鏈（blockchain）等等，使用情境（use case）日益清晰、具體，我們如何善用這些科技，在整個顧客旅程（customer journey）裡，輔助行銷人，達到創造、溝通、實現和提升價值的目的。

市場（market）變化得比行銷（marketing）更快

本書的代表性作者、行銷學之父菲利普．科特勒（Philp Kotler）說過，「市場變化得比行銷更快。」書中也提到，「行銷這個詞的英文，應從『marketing』改為『market-ing』，因為內涵持續不斷地演變，以適應不斷變遷的市場。」

因此，本書的鋪陳方式，先是在第一部分闡釋了市場的變化，對於行銷人帶來的三大挑戰，分別是世代差異、兩極化世界與數位落差。其中對於數位落差的「新解」，某個程度上也反映了本書的主旨，亦即科技究竟是帶來危害還是願景，人言人殊。

第二部分則是談到了在建構新的行銷策略時，應該有的三種思維，包括盤點企業和顧客的在數位轉型上的準備度（readiness）；對於即至科技（the next tech）應用的理解；以及如何在產品生命週期縮短、顧客無情喜新厭舊之下，讓科技為輔、人類為主，提供顧客便捷又人性化的體驗。

第三部分無疑是全書的重點，不但涵蓋了行銷 5.0 的五大要素，並且基於這五大要素，具體展開為靈活運用科技的五大行銷戰術，分別是資料行銷、預測行銷、情境行銷、增強行銷、敏捷行銷。書中不但針對每一項戰術提供具體的教戰守則，更列舉了許多企業的實戰案例。

其中，資料導向和敏捷行銷，又是另外三項戰術的基礎，因為都涉及組織結構層面的變革。說白了，要做到精準預測、一對一行銷、人機協作，都必須以數據分析做為基礎；而為了因應多變的顧客需求、市場變動，沒有靈活的組織、團隊能夠機動作戰，也是枉然。

COVID-19 疫情的衝擊，讓人類許多活動的線上化、虛擬化、數位化，一夕之間，從選修變為必選，企業數位轉型也變得迫在眉睫。當科技的應用已經滲透到每一個產業、組織內的每一個部門／功能，在閱讀《行銷 5.0》時，我忍不住思考，究竟行銷科技（MarTech）要把行銷人或消費者帶到什麼樣的境地？

書中提到的「一人市場行銷」（segments of one）或許是答案之一，也就是「大數據分析有助行銷人針對每位顧客制定個人化的行銷策略」。我們不再是某個地區、某個性別、某個興趣嗜好、某個年齡層裡面的某一個人，而是真真正正地做到為我這個獨特、獨立的個體，量身打造的

「一對一行銷」。

科技、市場的變遷速度未嘗止息，諾基亞早已失去手機龍頭地位，但是人們對於「科技始終來自於人性」這句話的共鳴依舊、期待更深。我想把重點劃在「始終」二字，讓我們在科技時而令人生畏、時而扭曲人性，讓我們在懷疑自己看到的訊息不是真實、我們買的產品只是被推坑的同時，仍然可以相信科技最大的益處是造福人類，讓科技始終為人類所有、所治、所享。

（《經理人月刊》總編輯）

推 薦 序

後疫情時代的行銷指南

詹益鑑

「那是個最好的時代，也是個最壞的時代。」也許多年以後，當人們談起2020年，會下起這樣的註腳。如同前幾次的系統性危機，達康股災、金融海嘯都伴隨著科技、產業、政策的更迭交替，伴隨著社群媒體跟行動網路的興起，以及去中心化金融及加密貨幣的浪潮；新冠肺炎的全球爆發，雖然為實體產業蒙上厚重的陰影，卻也開始全面數位化的濫觴。

《行銷5.0》英文原著出版的當下（2021年1月），歐美各國正經歷感恩節與聖誕節假期過後的染疫高峰，輝瑞與莫德納疫苗才開始在美國開始施打；台灣仍處於境外防疫成功、每日個位數確診的美好時光。誰也想不到，五個月之後，台灣進入多處社區感染、全國三級管制的階段，美國卻在疫苗施打迅速有效之下，即將在七月四日國慶之後，重啟經濟。

我相信本書作者在規劃本書之前，一定也沒有想過即將面臨全球危機；但一定更沒有想過，這次新冠肺炎疫情，對全球產業的數位化，尤其在行銷領域造成巨大的推動力量。這也就是這個時代的特色：黑天鵝不再罕見，灰犀牛更是瞬息出沒，衝擊世界、撼動市場。在這樣瞬息萬變的時空背景之下，新一代的行銷思惟為何重要，面對怎樣的世代組合、社會結構、消費行為，透過那些工具與平台進行，就是本書要傳達的重要訊息。

在過往十五年，我歷經多次創業與創投的角色輪替，產業也歷經光電儀器、生醫感測、網際網路與醫療科技等領域，唯一不變的是，行銷一直是我最有興趣的工作項目，卻也因為所待的產業跟企業規模，一直沒有完整的數位化經驗跟能力。即便投資跟參與過數位行銷跟大數據見長的新創企業，依然對數位行銷或敏捷行銷感到懵懵懂懂，知其然卻不知其所以然。

相信這也是大多數行銷領域從業人員的感覺，每一個在進行業務推廣、行銷企劃、文案撰寫、美術編輯與活動執行的夥伴，都像是瞎子摸象。我們也許都對顧客關係管理（CRM）、客戶終生價值（CLV）等名詞朗朗上口，但在這個分眾分群精細、資料資訊奔流的時代，要如何操作跟分析，其實我們需要更全盤性的指南。

如同我們可以將消費行為的階段定義為顧客旅程一般，這本書也是給新世代的行銷人員，一套從策略框架到執行方案的完整行銷旅程。先從人類史上所面對最多元複雜的世代差異、兩極化社會開始，定義顧客與市場特性。並由這些客層所代表的數位素養與行為模式，還有不同產業所處的數位化階段，進行策略架構的設定。

從五個世代的行銷取向：產品導向、顧客中心、以人為本、數位轉型、智慧行銷，帶入兩個鐵律（數據優先、敏捷思維）與三個應用：預測（超前部署）、情境（時空感知）、增強（機器輔助）。有了目標跟框架，方案與工具就相對容易理解與使用。

本書後半段帶領讀者從數位化的危機與願景，提及新冠肺炎所造成的衝擊與轉型契機。再藉由新科技的出現、導入與普及，闡述資料導向跟敏捷行銷的思維下，如何利用工具、平台與數據，進行情境行銷、預測行銷、增強行銷。

我因為從 2019 年底開始旅居舊金山灣區，親眼日睹新冠疫情衝擊下的美國實體產業與金融、教育、醫療機構的數位轉型。疫情爆發短短半年之內，線上零售、遠距醫療、數位學習、電子支付的消費行為，全部都倍數成長。相關領域的新創投資跟上市熱潮，更是在多數產業蕭條的市場情境下，格外顯眼。

再以我目前從事的生醫產業為例，不僅預約、診斷、處方、追蹤的方式逐步線上化，在醫療科技產品與服務的銷售上，許多數位醫療器材的銷售，也開始導入聊天機器人、數據化行銷模組，甚至採購社群媒體跟搜尋引擎的廣告，這些都是顯示了在本書被歸類為顧客與企業數位化程度最低的醫療行業，也都開始全面的被迫進化，而這個循環一旦開始，就難以回頭，將朝向不斷往效率與可預測性優化的目標前進。

料想本書付印出版之時，台灣依然處於面對疫情高度管制跟緊張的狀態。但如同本書的主旨一般，唯有科學化、數據化的思維，透過分析與整合，我們才有面對未知的機會，提高可預測性，建立風險管理跟快速應變的能耐。面對疫情如此，面對瞬息萬變的市場也是一樣。只要善用科技，危機就會是轉機。在後疫情時代，讓我們一起透過新世代的思維與科技，面向下一個高速成長的新常態。

（UC Berkeley 訪問學者、Hukui Bio 策略長、500Startups 創業導師。曾任 BioHub Taiwan 助執行長、AppWorks 合夥人，創業及創投經歷超過 15 年）

推薦序

「勇踏前人未至之境」的行銷之路

詹太太

有一次我遇到一個異常焦慮的朋友，要我幫忙找網紅來賣貨。說他「異常焦慮」，是因為他知道他老闆要求的條件不太容易達成，但非得想辦法應付不可，所以怎麼樣都得帶個廠商去見見老闆。所以我就去了。

老闆說：「我希望你們的網紅可以幫我們達成轉換目標。就是每個網紅都要有良好的銷售能力。」

甲方產品的客單價並不便宜。KPI 是鎖定在購買轉換。他希望網紅必須要能影響「對的 TA」：包括性別（對方要求女性），對的年齡（35-44），個人年收入（100 萬以上）或家庭年收入（200 萬以上），家裡是自購住宅、自購進口車，有兩名讀國小的小孩，最好這小孩是就讀於明星私小或明星學區。

「你們能夠掌握到這種多金粉絲的網紅名單嗎？」對方老闆問。

這老闆開出來的規格看起來真猛。「那請問你們是怎麼設定出你產品的需求者就是這樣的 TA ？」我問。

「這有關係嗎？那種名校裡的父母都很有購買力啊。只要找幾個很能講話的網紅，話術下猛一點，粉絲隨便跟他買個幾萬塊的產品應該不是問題對吧？」

「那麼，那些名校生父母們，是在什麼情況下從一堆同類產品中，為什麼選擇你的產品呢？」

接下來的時間裡，對方持續地說服我，幫助他們找到「名校小孩的父母」會看的高含金量網紅名單，並且找網紅賣貨，卻始終說不出來，產品與 TA 之間的邏輯。

這是我過去所接觸過的其中一個有趣案例。但 2020 年的 Covid-19 疫情後，市面逐漸活絡後，行銷活動的面貌也開始改變了。

當大家都減少出門，品牌無法藉由實體活動群聚、用真人話術促購，我們的行銷工作還是得繼續做下去啊！於是，線上活動就成為困局下的唯一選擇。至於那些過去不認識網紅行銷，不知道「顧客旅程」（user journey），不懂得如何在社群平台上做活動拉觸及搶互動的行銷人，都得開始要面對這些過去不太熟的題目。

「網紅行銷」僅是社群行銷、數位行銷的其中一個小切塊，但與整個行銷 5.0 的概念是密不可分，也是整體數位行銷工具不可或缺的一部分；它們從策略、議題到成效，全都依靠數據驅動：包括漲粉率、觀看率、互動率、互動數、甚至包括關鍵字頻次等各種指標數據的變化。

本書不止一次提到「社群數據」，它是多方面的「選擇性的注意力」的展現。經由演算法推送而來的社群內容，為不同的消費者帶來互動連結感，體現在按讚、觀看、心情、留言與分享的數字上。網紅們透過社群貼文，吸引了消費者的注意力，促進了粉絲的購買行為；透過圖文貼文、影音貼文、直播等形式的內容，甚至社群平台上發起各種互動活動（如抽獎、猜謎、造句，上傳各種照片），讓零售消費的各種行銷活動，得以藉由社群互動，轉化為品牌印象與購買動機。

現在，甲方行銷窗口也特別喜歡與合作廠商講「轉換率」。但《行銷 5.0》也提醒行銷人，這個數值的背後，是一個行銷策略與流程如何體現在整體行銷漏斗，並於最終集大成的結果。

每一個行銷階段有它該對應的工具與工作事項。這並不是單純的「花 5 萬塊錢找 1 個網紅叫賣商品，喊了一小時最後賣出幾件」的概念。如果光靠嘴巴叫賣就能得到預期的銷售效果，那麼我們就不需要行銷知識。

幸好，現在很多數位行銷工具，都能幫助行銷人把漏斗的每一步，從接觸、獲客到購買歷程都建置完整，所以能更精準的掌握消費者的喜好。回到稍早前我們提到的那個焦慮的朋友所提到的地點「名校」：我們可以運用數位工具，掌握「地點資料」，對準在名校及周邊安親班的民眾精準投放廣告。現在 Google 與 Facebook 都能夠經由使用者工具，分享例如位置、人口統計資料、興趣愛好等資料。同時搭配各種數據工具，分析社群貼文內容與回文的分析，拼湊出 TA（目標群眾）的樣貌。品牌與產品更可以使用分析工具，瀏覽數百萬則社群媒體貼文，掃描民眾購買和消費品牌的照片，發送感謝信；辨識使用競品的民眾，邀請他們轉換品牌，最終培養出更多具有「品牌愛」的消費者。

現在的行銷科技（MarTech）基本上可以解決很多難題，甚至幫助行銷人預測趨勢，超前部署。但我們先要懂得如何透過運用數據，去理解並建立產品（或品牌）消費者之間的關係，並做到精準的目標界定。如果我們不能理解數據、運用數據，也就白白浪費了資源與工具。

如同本書開宗明義所說，現在這一刻，是行銷圈最精彩的時代，因為現在地球上有五個世代共同生活著：嬰兒潮世代、X 世代、Y 世代、Z 世代和 α 世代。無論你是行銷人，或是內容製作者，若是想要了解這五個世代重視的議題，就要能夠理解數據，運用資料，深入分析各個世代所經歷的人生階段，以做到供需匹配。這也是對我最有啟發的部分。從「行銷 4.0」到「行銷 5.0」，我更能夠深刻體會，既然現在是「五個世代」的共好生活，我們無論是做內容還是做行銷，已經不可能期望一次工就想要討好所有人，更別試圖做一個企劃想說對五個世代都「一體適用」。分眾思維是必備功課。這是一個前所未有的時代。因為很多事情我們都沒有經歷過，也沒有前例可循。既然如此，不如直接放膽去做，一邊把手弄髒，一邊成長。

讀完《行銷 5.0》，我以《星艦迷航記》的「勇踏前人未至之境」（To boldly go where no man has gone before.）的興奮心情，迎接每一個行銷挑戰，如同一段精彩的旅程。

（詹太太的轉行日記、「吐納商業評論」專欄作者、行銷科技部落客）

導　讀

從科技到人性的行銷旅程

游梓翔

除了賣產品和賣服務，行銷的真正關鍵應該是滿足人們的需要。而要更有效地滿足人們的需要，行銷人員需要各種「MarTech」行銷科技的加持。科特勒、陳就學與塞提亞宛的這本《行銷 5.0》，就在協助行銷人透過更懂得善用「MarTech」，提供給消費者更好的「顧客旅程」（customer journey）。

什麼是行銷5.0？

什麼是「行銷 5.0」？「行銷 5.0」與 1.0 到 4.0 的行銷有何不同呢？科特勒等人告訴我們，行銷從 1.0 到 5.0，代表著五個階段的行銷理念轉變——

1.0 是「產品帶動」的行銷，重視的是「功能」；

2.0 是「顧客導向」的行銷，重視的是「情感」；

3.0 是「人性為本」的行銷，重視的是「精神」。

至於 4.0 和 5.0，則是 3.0 的延續。增加的是 4.0 的數位社群應用，以及 5.0 的智慧即至科技。簡單說，4.0 和 5.0 談的是「Tech」或是「MarTech」。

哪些「MarTech」屬於 5.0 的範疇呢？《行銷 5.0》告訴我們，這至少包括 AI 人工智慧、NLP 自然語言處理、Sensors 感測器、機器人 robotics、AR 擴增實境、VR 虛擬實境、IoT 物聯網，以及 blockchain 區塊鏈在內。其中很多都是最新的所謂「即至科技」（next tech）。但《行銷 5.0》並非介紹這些科技的技術手冊，科特勒等人要談的是運用這些談的是運用這些「MarTech」的關鍵策略。

這些新世代即至科技很多都比 4.0 時代的網路社群更加先進，再加上新冠肺炎大流行加速了企業和消費者的全面數位轉型，這些都推動了行銷的「升級」。不過就像科特勒等人一再強調的，行銷 5.0 仍是構築在 3.0 的人性為本和 4.0 的科技加持之上，人始終是行銷 5.0 的核心，雖然升級是始於科技，但《行銷 5.0》追求的是「人機共生」

（human–machine symbiosis），是讓人們懂得運用科技來更好地滿足人的需要。如果換種說法，行銷 5.0 的重點其實不在 AI（人工智慧），而在 IA（Intelligence Amplification），也就是讓科技來增進人的智慧。

《行銷 5.0》帶領我們從三個方面理解這個行銷新時代 —— 三大挑戰、三大策略，以及五種新的行銷戰術。

行銷5.0時代面對的挑戰

科特勒等人指出，行銷 5.0 時代得面對三大挑戰，包括「世代鴻溝」、「繁榮兩極」和「數位落差」。

第一項挑戰是世代鴻溝（generation gap）。這是個「五代同堂」的時代，包括戰後世代（二戰到 1964）、X 世代（1965 到 1980）、Y 世代（1981 到 1996）、Z 世代（1997-2009）和 α 世代（2010 之後），行銷必須適應不同世代顧客的人生階段和科技偏好，從 1.0 到 5.0 的五個行銷世代也與這五個年齡世代緊密扣連。《行銷 5.0》告訴我們，雖然戰後世代還在，但 X 世代和 Y 時代將主導行銷計畫，試圖取得 Z 世代和 α 世代的信任，才能真正贏得行銷 5.0 的競爭。

第二項挑戰是繁榮兩極（prosperity polarization）。分配不均造成市場的 M 型分佈，工作、意識形態、生活方式和市場的兩極化發展。繁榮的兩極化必將造成中間市場萎縮，低端市場則難以支應成長需要。因此，基於永續成長之必要，企業必須投入社會行動，協助低端人群脫貧發展。企業是否善盡責任並創造社會價值已成為企業的「新強健因素」（new hygiene factor），且有助於呼應內部具理想型的 Y 世代和 Z 世代員工對企業影響力的要求。行銷 5.0 的企業的挑戰是在推動聯合國「永續發展目標」（SDGs）上發揮力量。

第三項挑戰是數位落差（digital divide）。全球各地的數位落差普遍存在，落差不僅發生在數位科技的使用能力上，也發生在對其得與失的分歧看法上，數位化可能帶來失業問題、信任不足、隱私安全、同溫失真、行為弊害等風險，也可能有數位財富、數據學習、智慧生活、改善健康和永續包容等機會。要停止這場得失辯論，關鍵是要實現科技的人性化，讓科技在個人化（個製服務、用戶主控）、社群化（促進連結、促成理想）和體驗化（有感互動、創新體驗）上創造價值，行銷 5.0 的挑戰是，讓人和機器，讓高感動（high-touch）和高科技（high-tech）和互動緊密整合。

行銷5.0時代的三大策略

為了因應挑戰，提升行銷到 5.0 的層次，企業必須採取策略，實現「科技加持的行銷」(tech-empowered marketing)。

第一是數位就緒策略（Digital-Ready）。因為 covid-19 疫情讓數位化加速發展，也因為顧客愈來愈多是數位原生族群，企業必須讓自己數位就緒。科特勒等人提供了企業和顧客準備度的評估表，來思考企業是屬於原點（origin，企業顧客均低度就緒）、前推（onward，企業高度顧客低度就緒）、後動（organic，企業低度顧客高度就緒），還是全面（omni，企業顧客均高度就緒）象限。他們建議原點和前推企業應該透過提供誘因、回應困難、重現所需等策略，促使顧客作數位遷移；原點和後動企業應該透過基礎投資、數位體驗和數位組織等策略來提升自身數位能力；全面象限的企業則應該透過即至科技、全新體驗和鞏固領先等策略來維持自身的領導地位。

第二是即至科技策略（next tech）。即至科技聞聲已久，在強力電腦、開源軟體、高速網路、雲端運算、行動裝置、海量數據全面到位下，促成科技的大躍進。即至科技實現「仿生學」（bionics）—— 模擬人類的思考（AI）、感知（sensors）、溝通（NLP）、動作（robotics）、想像（AR 和 VR）與連結（IoT 和區塊鏈），折讓行銷人員具備大規模且即時提供個製化（personalization）獨特體驗的能力。在《行銷 5.0》的第六章裡，科特勒等人等於為企業行銷策略制定者做了一次科技大閱兵，了解即至科技的發展及應用可能。

第三是全新體驗策略（New CX）。行銷 5.0 時代需要能透過結合人和機器，提供有效率有感動的超凡顧客體驗（CX）。在資訊處理能力上，機器能將人類的提供數據（data），繼而成為資訊（information）並提煉出知識（knowledge），但人類具有在數據前的雜訊（noise），和知識中找出洞見（insight）並成為機器難以模仿的智慧（wisdom）的能力，行銷上善用人與機器的優勢至關重要。科特勒等人運用了他們在《行銷 4.0》中建議的 5A（aware, appeal, ask, act, advocate ／認知，打動，詢問，行動，倡導）

消費路徑，結合廣告、內容行銷、直銷行銷、銷售顧客關係管理、配銷通路、產品與服務以及服務顧客關係管理等七個行銷層面，提供了許多透過人和機器整合來提升顧客體驗的建議。科特勒等人強調，在機器協助下，人將有更多時間來強化創意，但機器始終不可能取代人的貼心連結（heart-felt connection），那是顧客體驗的關鍵。

5.0時代五種新行銷戰術

科特勒等人相信，行銷的5.0時代帶來了五種新的行銷戰術，包括兩大「功夫」（disciplines）和三大「應用」（application）。兩大功夫是「資料行銷」和「敏捷行銷」；三項應用則是「預測行銷」、「場景行銷」和「增強行銷」。

首先是資料行銷（data-driven marketing）。在5.0世代，所有決策必須根據來自資料的洞見。在操作市場區隔和目標選定時，先在行銷人員除了用傳統的地理、人口、心理和行為來分析市場，還有來自顧客媒體、網路、銷售點、物聯網和互動行為的龐大大數據資料協助，於是能發展出「人物誌」（persona），進行以一人區隔的個製行銷。科特勒等人建議，資料行銷仍應該界定明確具體目標，搭配不同來源的數據，並建立一個能讓數據資料管理常態化的生態系統，這樣才能真正從資料中產生有用的行銷洞見。

其次是預測行銷（predictive marketing）。藉由數據資料，行銷人員將可能透過模型，事前預測行銷結果並據以決定投入規模。預測行銷可被用於顧客、品牌和產品管理，例如預測顧客終身價值和追加交叉銷售可能、預測哪些行銷內容能讓顧客有感，預測產品發表的成功機率等。預測行銷的常用模型包括最基本的「迴歸分析、由顧客相似性產生推薦的「協同過濾」（collaborative filtering），以及透過機器學習大量過去資料數據關聯性的「神經網絡」（neural network）模型在內。這其中雖然很多都需要統計和數據人員的協助。但行銷人員必須了解模型的基本原理才能從中產生有用的行銷洞見。

第三是場景行銷（contextual marketing）。透過 IoT 和 AI 的結合，行銷人員得以在實體世界模擬人們的場景意識。過去要提供類似體驗智能靠現場人員對顧客的敏銳觀察，但數位科技可以透過感測器來感應並認知顧客（例如透過其手機與 app、穿戴裝置、辨識生物特徵），再經由人工智慧判讀顧客並個製回應，最後再以使用者介面遞送出回應（例如家中連結網路的智慧家電）。只要 IoT 和 AI 的基礎建設到位，行銷人員便可設定哪些人、條件、時間、空間和心情，將會觸發哪些體驗、媒體、促銷、產品和訊息。《行銷 5.0》也建議，場景行銷可能發生在三個層次上，包括個製資訊（例如設定在特定電子圍籬範圍內提供可能顧客特定資訊）、客製互動（例如利用遊戲化提供不同互動）和浸淫體驗（例如運用感測器和 AR、VR 提供獨特體驗），以打造個製場景來行銷。

第四是增強行銷（augmented marketing）。在顧客介面上，人和機器的共生與結合將可以帶來更好的顧客體驗。簡單直接的要求和詢問讓機器來就行，人負責的是更深入的互動。在銷售的漏斗模型上，頂端（ToFu）可以靠數位介面篩選顧客，中段（MoFu）則透過數位介面提供資訊，發掘潛在顧客，到了底部則由銷售人員接手，提供顧客諮詢並完成銷售。在科技的協助下，能觸及顧客的銷售介面遠比過去要多，像是自助網站、手機應用、聊天機器人等。行銷人員可以透過如建立常見問題庫、確定顧客分層模型（如根據終身價值和忠誠度）並對不同層次顧客提供機器或人的有效支援，來進行增強行銷。另外，企業也應該讓前臺人員得到數位科技的加持與增強，讓他們能在與顧客的互動點上就能掌握有關顧客的數據資料洞見，協助他們提供顧客更好的體驗。

第五項行銷 5.0 時代的行銷戰術是所謂敏捷行銷（agile marketing）。數位科技進展快速、新產品不斷推出，這讓顧客期望變化更快、產品生命週期變得更短，於是好的顧客體驗也很容易被視為過時，很多顧客是馬奇（Tom March）所說「全都要、隨時要、隨地要」（Whatever Whenever Wherever）的 WWW 顧客。5.0 行銷下速度和彈性非常重要，這就不能依靠長期大型的行銷計畫，而要有有效的即時分析工具（如社群聆聽、消費數據），由打破組織壁壘的去中心跨部門團隊從中取得洞見。行銷團隊必須在靈活的平台上設計出多元產品和活動布局，過程採取同步而非階段流程來增加彈性。接著再透過生產「最小可行產品」（MVP）以便作快速測試與試驗，來選定最佳布局。整個敏捷行銷過程中，企業都必須抱著開放的創新心態，充分利用可利用的內外部資源。敏捷行銷力可說是行銷 5.0 時代企業需要的「唯快不破」。

行銷學大師科特勒，和他的伙伴陳就學與塞提亞宛，透過《行銷 3.0》、《行銷 4.0》和現在的《行銷 5.0》這完整的行銷三部曲，完成了一段從人性行銷，再到運用數位社群科技以及新世代的即至智慧科技，來促進人性行銷的「行銷旅程」。流行的廣告詞說，科技始終來自於人性，科技是人的創造，當然應該在人的運用下，發揮提升消費體驗與創造社會價值的效力。這個科技既來自於人，自應服務於人的目標，在這本《行銷 5.0》臻於高峰，讀完了這本書，你也朝成為高科技與高感動兼具的行銷人邁進了一大步。

（世新大學口語傳播暨社群媒體系教授）

Part 1

什麼是行銷 5.0？

第 1 章

行銷 5.0 的時代來臨了！

2009 年，我們寫了本系列第一本書《行銷 3.0：與消費者心靈共鳴》（*Marketing 3.0: From Products to Customers to the Human Spirit*），該書在全球翻譯成 27 種語言出版。正如副標題所言，這本書說明了由產品帶動行銷（1.0）、到顧客導向的行銷（2.0）、再轉變成人為本的行銷（3.0）等重大轉型。

在《行銷 3.0》中，顧客不僅希望藉由自己選擇的品牌滿足對於功能與情感的需求，還希望滿足精神的需求。因此，企業以其價值觀建立差異化，產品與營運目標不僅是帶來利潤，還要解決世界上困難重重的社會與環境問題。

行銷產業花了近七十年的時間，從產品導向演變為以人為本的理念。在這數十年的演變過程中，有些行銷理念通過了時間的考驗，雖然「市場區隔、目標界定、產品定位」（segmentation-targeting-positioning）與「產品、價格、經銷通路、促銷推廣」（product-price-place-promotion，4Ps）屬於「傳統」理念，但現在已成為當代全球行銷業者的主流看法。

我們向來認為行銷 3.0 是傳統行銷的最終階段。從功能（行銷 1.0）、情感（行銷 2.0）與精神（行銷 3.0）等三方面來服務顧客的架構於焉完成。這本書雖然已出版了十年，但在當今由 Y 世代與 Z 世代主導的時代中，重要性卻更加明顯。由於年輕世代對社會展現了真正的關懷，迫使企業採取能夠發揮社會影響力的商業模式。

行銷 4.0：數位轉型

2016 年，我們出版了本系列中的《行銷 4.0：新虛實融合時代贏得顧客的全思維》（*Marketing 4.0: Moving from Traditional to Digital*），主要著墨於副標題中的「數位」概念。在書中，我們區分了「數位世界的行銷」與「數位行銷」。數位世界的行銷並非單純依靠數位媒體和通路，由於數位落差依然存在，因此行銷需要線上與線下並進的全方位通路。這項概念的靈感部分來自於德國政府「工業 4.0」這項高層策略，即把實體暨數位系統應用於製造部門。

在《行銷 4.0》中，雖然科技的使用是很基本的概念，但書中還介紹了全新的行銷架構，用來服務進行實體暨數位消費的顧客。迄今，該書已在全球出版了 24 種語言版本，並促使企業在行銷活動中採用基本的數位化形態。

然而，行銷科技（MarTech）的應用遠遠不只是在社群媒體上發表內容或建立全方位通路。人工智慧（AI）、自然語言處理（NLP）、感測科技（sensor technology）和物聯網（IoT）都具有改變行銷實務的巨大潛力。

我們之所以未在《行銷 4.0》納入這些科技，是因為它們在寫書時還不算是主流，我們也認為，行銷從業人員當時仍處於數位轉型與適應的階段。但嚴重的新冠肺炎（COVID-19）大流行確實加速了企業的數位化進程。隨著各地實施封城與保持社交距離的政策，市場和行銷人員都不得不適應全新的虛擬數位化現實。

有鑑於此，我們認為現在是出版《行銷 5.0》的最佳時機，企業也應該在行銷策略、技巧與日常營運中發揮高科技的力量。本書的靈感部分來自於日本政府高層的「社會 5.0」（Society 5.0）倡議，其中包括輔以智慧科技的永續社會藍圖。我們一致認為，科技應該為全人類謀福祉。因此，《行銷 5.0》結合了《行銷 3.0》以人為本與《行銷 4.0》科技賦權的元素。

行銷 5.0 的挑戰

行銷 5.0 是在三大挑戰的背景下成形：世代差異、繁榮兩極化，以及數位落差。

這是史上首次有五代人共同生活在地球上，卻有著截然不同的態度、喜好和行為。嬰兒潮世代與 X 世代仍然占據著企業高層和最大的相對購買力，但精通數位科技的 Y 世代和 Z 世代現在則是最大的就業與消費市場。主導決策的年長企業主管與年輕經理人和顧客之間的脫節，勢必會成為巨大的阻礙。

行銷人員還將面臨長期的不平等和財富分配不均，從而導致市場兩極化。坐領高薪的上層階級不斷成長，促進奢侈品市場的發展；在另一端的金字塔底層同樣也在擴大，成為龐大的低價產品大眾市場。然而，中間市場卻在萎縮，甚至消失，迫使業者不得不向上或向下移動以求生存。

此外，有關數位化潛力，行銷人員必須弭平支持陣營與反對陣營之間的數位落差。數位化引發了民眾對未知的恐懼、失業的潛在陰影，以及侵犯隱私的擔憂。另一方面，數位化又帶來了大幅成長與改善人類生活的願景。企業必須打破兩者的鴻溝，以確保科技進步能發展下去，而不是遭到抗拒。Part2 的主題（第 2 章至第 4 章），就是探討行銷人員在數位領域中實施行銷 5.0 所面臨的種種難關。

什麼是行銷 5.0 ？

顧名思義，行銷 5.0 是指模仿人類的科技應用，藉此在整個顧客旅程（customer journey）中創造、溝通、實現和提升價值。行銷 5.0 的主軸之一就是我們所說的即至科技（the next tech），即目標是模仿行銷人員能力的各項技術，包括人工智慧、自然語言處理、感測器、機器人、擴增實境（AR）、虛擬實境（VR）、物聯網和區塊鏈等，這些技術加以整合便能推動行銷 5.0。

多年來，人工智慧的發展都是要複製人類的認知能力，尤其是從分散的客戶資料中學習、發現可能對行銷人員有益的洞見。一旦與其他賦能科技混用，人工智慧也可以向顧客提供恰到好處的方案。大數據分析有助行銷人員針對每位顧客制定個人化的行銷策略，這個過程稱作「一人市場行銷」（segments of one）。如今，這類實務儼然成為了主流。

考量這些行銷 5.0 的案例。企業只要借助人工智慧的機器學習，就可以在預測演算法的協助下，想像具有特定功能的新產品是否能一炮而紅。因此，行銷人員可以跳過新產品開發過程中的多項步驟。在大多數情況下，這些預測比看起來落後的市場研究更加準確，並且比曠日費時的產品概念測試更快產生洞見。舉例來說，百事公司（PepsiCo）就根據社群媒體上顧客對話的深入分析，定期推出飲料產品。

人工智慧還有助透露購物習慣，這對網絡零售業者來說十分實用，可以根據消費者資料來推薦合適的產品與內容。推薦引擎是電商與其他數位企業（例如 Amazon、

Netflix 和 YouTube）的關鍵差異，引擎不斷分析過去的購買紀錄，針對顧客進行動態的區隔與剖析，找到看似不相關的產品之間隱藏的關係，進行升級銷售（upsell）與交叉銷售（cross-sell）。

安海思－布希英博集團（AB InDev）、大通（Chase）和凌志（Lexus）等跨足不同產業的公司，則利用人工智慧來開發廣告，大幅減少人力參與。

安海思－布希英博是百威啤酒（Budweiser）和可樂娜啤酒（Corona）的母公司，監測各種廣告投放的表現，把從中取得的洞見回饋予創意團隊，以催生更有效益的廣告。大通選擇了人工智慧引擎來取代人類，為數位橫幅廣告撰寫廣告文案。凌志分析了過去十五年獲獎的廣告活動，尤其著重於豪華車市，以為全新 ES 轎車創作一則電視廣告，人工智慧從頭到尾編寫好劇本後，凌志再聘請一位奧斯卡金獎導演來拍攝廣告。

行銷 5.0 的實施不僅限於後端操作。人工智慧結合自然語言處理、感測器與機器人技術，便可以協助行銷人員進行與客戶面對面的活動。當下極受歡迎的一項應用就是顧客服務聊天機器人（chatbot）。有鑑於高齡化社會和成本上升等人力資源相關難題，部分企業也使用機器人或其他自動化方法來取代第一線員工。舉例來說，日本的雀巢公司就讓人工智慧機器人來當咖啡服務生，美國的希爾頓飯店嘗試運用機器人來當禮賓人員，而英國的特易購（Tesco）則打算以人臉辨識攝影機取代收銀員。

有了感測器和物聯網，零售商可以在實體空間複製數位化體驗。舉例來說，零售店的人臉偵測螢幕可以估計顧客的族群類別，並提供適當的促銷活動。連鎖藥局沃爾格林（Walgreen）的數位冰櫃就是一個例子。絲芙蘭（Sephora）或 IKEA 運用的擴增實境應用程式，可以讓顧客試用或試穿產品再決定是否購買。梅西百貨和 Target 百貨則將感測技術應用於店內導覽以及目標促銷活動。

這類應用技術中，有些可能聽起來很遙遠，甚至讓行銷人員望之卻步。但我們開始看到，這些技術在近年來愈來愈平價且容易入手。Google 和微軟的開放原始碼（open source）人工智慧平台可以隨時供企業使用。雲端資料分析也有很多選擇，可以透過每月訂閱方案獲得。行銷人員還可以從琳瑯滿目又便利的聊天機器人開發平台挑選所需，就連不諳技術的外行人也可以使用。

科技應該跟隨策略的腳步

我們要從高層的策略角度探討行銷 5.0，也會適量地介紹運用先進行銷科技的訣竅，但這不是一本技術手冊。我們的原則是，科技應該跟隨策略的腳步。因此，本書提及的概念適用任何工具，因此企業可以運用市面上任何支援的軟硬體來落實這些方法。關鍵在於，這些企業必須具有懂得設計策略的行銷人員，把正確的科技應用於不同的行銷使用案例。

儘管對科技進行了深入討論，我們務必要認清「人」才是行銷 5.0 的核心焦點。即至科技的應用是要協助行銷人員在整個顧客旅程中創造、溝通、實現和提升價值，目標是打造無障礙又吸引人的全新顧客體驗（customer experience , CX），參見圖 1.1。在達成這項目標的過程中，企業必須利用人類和電腦智慧之間的平衡共生。

人工智慧能從海量資料中發現以前未知的顧客行為模式，然而運算能力再強，唯有人能夠理解其他人。行銷人員需要針對客戶行為的潛在動機進行篩選與詮釋，參見圖 1.2，因為人類智能與場景高度相關卻又捉摸不定。沒有人

圖 1.1 全新顧客體驗的即至科技

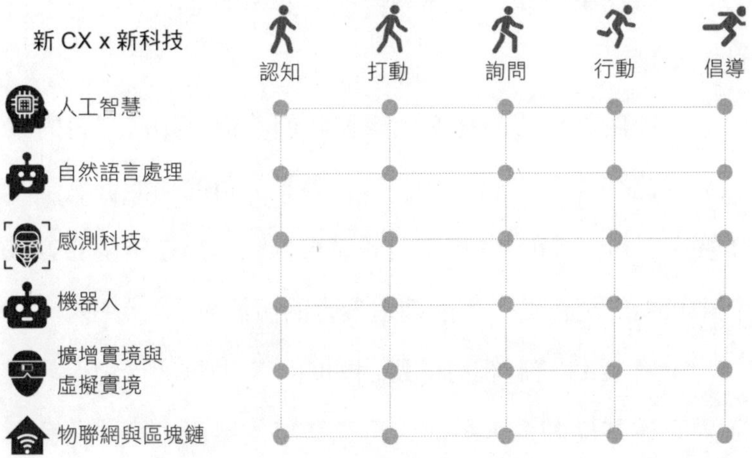

圖 1.2 人類提升科技行銷價值的方式

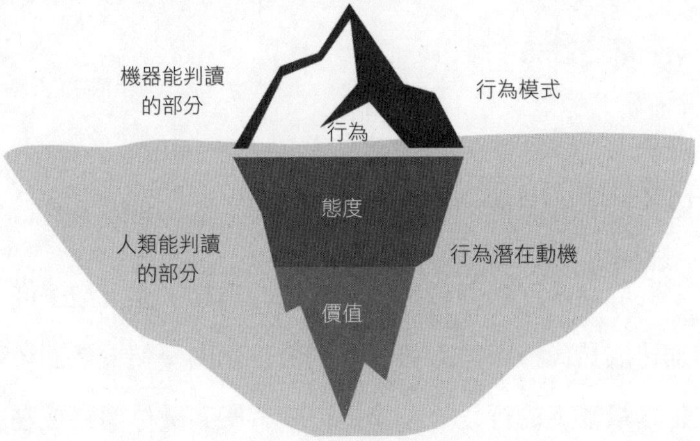

曉得經驗老道的行銷人員如何汲取洞見、陶冶智慧，而科技專家也尚未成功打造出一台機器能與顧客建立帶有人情味的連結。

由於我們無法教會電腦學習我們不懂得如何學習的東西，因此在《行銷 5.0》中，真人行銷人員的功能仍然至關重要。《行銷 5.0》的核心討論是機器和人類在整個顧客旅程中可能的契合點，才能創造最大的價值。

本書 Part3 將詳細討論這個問題，有助幫助行銷人員先建立正確基礎觀念，再深入研究策略的應用：第 5 章旨在幫助企業評估自己使用先進數位工具的準備情況；第 6 章說明了即至科技的入門知識，好讓行銷人員能事先熟悉；最後，第 7 章羅列一份使用案例的完整清單，每個案例都在全新顧客體驗中獲得驗證。

科技如何拓展行銷實務？

社群媒體行銷與搜尋引擎行銷的興起，加上電子商務的飛速成長，讓行銷人員體認到數位化的優點。然而，數位化場景底下的行銷並不僅是把顧客搬到數位通路或在數位媒體砸下大錢而已，數位科技可以徹底改變行銷人員的行銷手法，而以下五種科技都可以拓展行銷實務：

1. 依照大數據制定更明智的決策

數位化最大的副產品就是大數據。在數位化的脈絡下，每位顧客接觸點，例如交易、電話客服中心諮詢、電子郵件往來，都會留下記錄。此外，顧客每次瀏覽網站、在社群媒體上發布貼文時都會留下足跡。姑且不談隱私問題，這些都是可以運用的大量洞見。一旦有了如此豐富的資訊來源，行銷人員便可以針對顧客進行細微的個人分析，從而推動大規模的一對一行銷。

2. 預測行銷策略與執行結果

沒有任何一項行銷的投資穩賺不賠，但計算每次行銷活動的報酬率，可以讓行銷更符合當責的精神。當代行銷人員借助人工智慧的分析技術，可以在推出全新產品或宣傳活動前預測結果。預測模型旨在從過往行銷活動中找出規律，了解哪些方法有效，藉此為未來的活動建議最佳設計，如此可讓行銷人員取得先機，又不會因為潛在的失敗而危及品牌。

3. 把場景化的數位體驗帶到真實世界

追蹤網路使用者能使數位行銷人員提供高度場景化的體驗，例如個人化的登入頁面、相關廣告和客製內容。數位原生企業因此較同行實體店家多了顯著的優勢。如今，同步連線的設備與感測器，也就是物聯網，能讓企業能夠將場景接觸點帶入實體空間，促進無縫全方位通路體驗的同時，又能打造公平競爭的環境。感測器則使行銷人員能夠辨識來到店面的顧客，並提供個人化的服務。

4. 強化第一線行銷人員創造價值的能力

行銷人員可以專注於建立自己與數位科技之間的最佳共生關係，而不必去蹚人機對抗的渾水。人工智慧與自然語言處理，可以接手價值較低的任務、賦予第一線人員隨機應變的權力，藉此提高與客戶面對面的工作效率。聊天機器人可以處理簡單的大量對話，並即時作出回應。擴增實境和虛擬實境幫助企業以最少人力，提供吸引力十足的產品。因此，第一線行銷人員可以只在必要時刻，專心提供難能可貴的人際互動。

5. 加快行銷的執行速度

始終線上的顧客喜好也不斷變化，毋寧為企業帶來龐大壓力，必須在更短的時間內獲利。為了因應這樣的難題，企業可以效法精實創業的敏捷實務。這類新創企業高度仰賴科技，以進行快速的市場實驗與即時驗證。他們不需要從零開始打造產品或活動，而是以開放原始碼平台為基礎，利用共同創造來加速產品上市。然而，這項方法不僅需要科技的奧援，還需要適當的敏捷態度與思維。

行銷 5.0 的五大要素

從本質上來說，科技將賦予行銷以下特質：資料導向、預測型、場景化、增強，以及敏捷。基於先進科技提升行銷價值的方式，我們能界定出行銷 5.0 的五大基本要素。行銷 5.0 的核心是三項相關應用：預測行銷（predictive marketing）、場景行銷（contextual marketing，亦譯作情境行銷）和增強行銷（augmented marketing）。但這些應用是建立在兩項組織內部功夫：資料行銷與敏捷行銷（參見圖 1.3）。Part4 專門探討行銷 5.0 的五大要素。

功夫1：資料行銷

資料行銷是指從內部和外部的各種來源彙整與分析大數據，以及建立資料生態系來推動和最佳化行銷決策。這是行銷 5.0 的第一項原則：所有決策都必須有足夠的資料在手。

功夫2：敏捷行銷

敏捷行銷是利用去中心化的跨部門團隊來快速構思、設計、開發和驗證產品與行銷活動。組織如何敏捷地應對瞬息萬變的市場，成為企業成功落實行銷 5.0 所要掌握的第二門學問。

這兩項功夫將夾雜在 Part4 其餘章節中。資料行銷將在第 8 章討論，而敏捷行銷將在最後的第 12 章探討。我們認為，企業要落實行銷 5.0 的三大應用，必須從建構資料導向的能力開始。最後，真正決定實施成敗的關鍵，則是組織在執行中的敏捷度。

圖 1.3　行銷 5.0 的五大要素

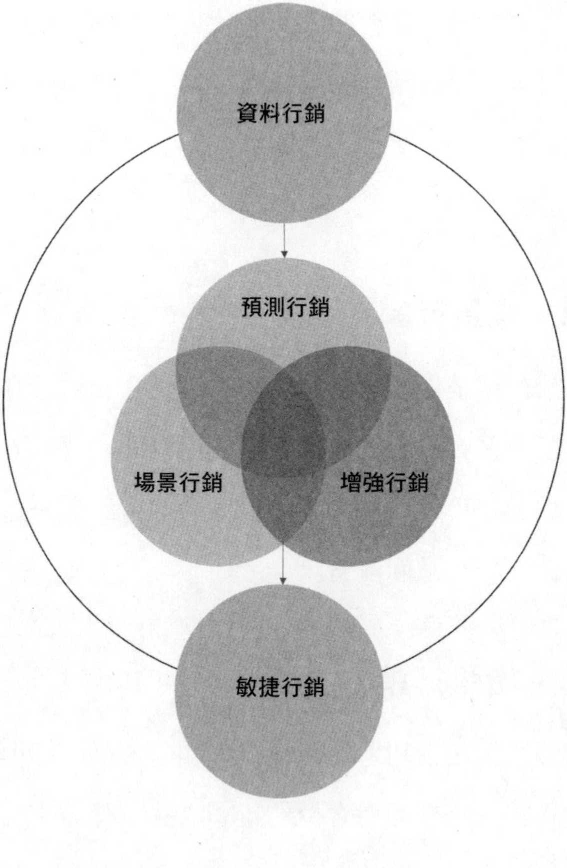

應用1：預測行銷

預測行銷是建立和使用預測分析的過程，有時是運用機器學習來預測行銷活動實施前的結果。這項應用讓企業能夠設想市場的反應，提前部署來影響市場。第 9 章會詳細檢視這個概念。

應用2：場景行銷

場景行銷是指利用實體空間的感測器和數位介面，對顧客進行辨識與分析，並提供個人化互動。行銷人員掌握這個主軸，就可以根據顧客場景即時進行一對一行銷。第 10 章會詳細探討這個概念。

應用3：增強行銷

增強行銷是指利用聊天機器人和虛擬助手等模仿人類的數位科技，提升面對客戶的行銷人員工作效率。這項應用確保行銷人員把數位介面的速度與便利，結合接觸顧客時秉持的人本溫暖與同理。第 11 章會詳細探討這個概念。

上述三項應用相輔相成，因此並不相互排斥。不妨想想以下的例子：X 企業建立了一個預測行銷模型，可以推估特定族群的顧客可能會購買的產品。為了使這個模型發揮作用，該企業必須在銷售點設置不同感測器，其中包括連接到數位自助服務機的人臉辨識攝影機。一旦特定族群的顧客接近自助服務機時，攝影機就會偵側並啟動，同時向螢幕發送訊號，顯示預測模型推薦產品的場景化廣告。顧客此外可以個人化方式使用數位介面。與此同時，X 企業也為第一線員工提供了包含預測模型的數位工具，只要自助服務選項差強人意，他們就有能力幫助顧客。

總結：科技造福人類

行銷 5.0 是以行銷 3.0 的人為本和行銷 4.0 的技術實力為基礎，定義是使用模仿人類的科技來創造、溝通、實現和提升整體顧客體驗的價值。首要之務是擘畫顧客旅程，並確定行銷科技可以在哪些方面增加值、提高行銷人員的績效。

採用行銷 5.0 的企業必須一開始就以資料為導向。打造資料生態系是落實行銷 5.0 使用案例的先決條件，這讓行銷人員能夠執行預測行銷，以估計每項行銷投資的潛在報酬，還讓行銷人員能夠在銷售點向每位顧客提供個人化的場景行銷。最後，第一線行銷人員可以利用增強行銷，設計與顧客接觸的無縫介面。凡是這些執行要素，都有賴企業敏捷又即時地因應市場上的各種變化。

行銷人的課題

- 在你的組織中，實施數位科技，是否超越了社群媒體行銷和電子商務的範疇？
- 在你的想像中，有哪些先進科技會替組織帶來價值？

Part 2

行銷 5.0 時代的三大挑戰

第 2 章

世代差異

嬰兒潮、X、Y、Z，以及 α 世代的行銷策略

一位二十五歲的行銷經理助理獲派設計某項新產品的平面廣告，目標是吸引千禧世代。針對部分潛在顧客進行採訪後，她製作了一個漂亮的廣告，其中有吸睛的圖示與單行的文案，再附上網站連結當作行動呼籲。始料未及的是，她那五十歲的行銷經理卻抱怨說，廣告上缺乏產品特色、優勢與益處等細節。她認為經理並不理解千禧世代的極簡行銷風格，便辭去了工作。說來諷刺，這正好坐實了經理認為年輕員工不能接受批評的看法。

現今，世代之間的誤解正在許多組織中上演。全球各

地的行銷人員都面臨著服務五個不同世代的難題：嬰兒潮世代、X 世代、Y 世代、Z 世代，以及 α 世代。

前四個世代構成了就業市場的主幹。大多數嬰兒潮世代仍未退休，而現在全球的領袖高層多半是 X 世代，Y 世代是最大的就業族群，Z 世代則是剛加入就業市場。這幾個世代對科技的精通程度不同。行銷人員透過世代的角度來觀察市場，將有助了解由科技主導的行銷 5.0 最佳的落實方式。

服務不同世代的挑戰

每個世代都是由不同的社會文化環境與生活經驗形塑而成。以 X 世代為例，不少是父母雙方離異或都要上班，因此成長過程中所受的教養不多。在青年時期，他們受到 MTV 音樂影片的文化影響，因此比其他世代更重視工作與生活的平衡，一般認為較為獨立，也較具創意。成年後，他們經歷過網路出現前後的世界，得以充分適應傳統與數位職場。

每個世代對產品和服務的喜好與態度也各不相同，促使行銷人員必須以不同的產品、顧客體驗，甚至商業模式來因應。舉例來說，Y 世代更重視體驗本身而非所有權。與其自己買車，他們寧願使用優步（Uber），這種喜好導致了各類隨選服務（on-demand services）興起，商業模式也從銷售產品轉變為銷售訂閱。Y 世代也較愛在 Spotify 上播放串流，而不是購買整張音樂專輯。

儘管了解不同世代的獨特需求，大多數企業卻尚未準備好服務所有世代。企業往往受困於僵化的產品與服務組合，無法針對每個世代客製化，迫使其只能同時服務兩三個世代。年輕世代不斷變化的需求和願望，造成產品生命周期的縮短，企業更是疲於招架。舉凡汽車、電子、高科技、消費品包裝和時尚等不同產業的業者都感受到了龐大壓力，被迫快速開發新產品和夾縫中求獲利。

目標界定也造成了兩難的局面：品牌服務嬰兒潮世代和 X 世代的同時，畢竟他們擁有最多資源也較願意花大錢，仍創造最多價值。但品牌受到 Y 世代和 Z 世代所認可時，他們具有新潮感（cool factor）與數位知識，卻創造最多品牌產權（brand equity）。最重要的是，Y 世代和 Z 世代開始影響嬰兒潮世代和 X 世代父母的購買決策。企業需要在兩項目標之間取得平衡：為當下創造最大價值，並開始為未來的品牌定位。

五個世代的差異

我們認為，每位顧客都是獨一無二的個體，在科技的輔助下，行銷最終將達到一對一的目標，背後是由客製化與個人化來推動。未來，行銷人員的服務對象是單一顧客，每個人都有獨特的喜好和行為。然而，務實的做法是藉由觀察企業未來服務的主流市場，看到行銷演變的整體方向。理解市場上整體族群結構的變化，是預測行銷走向最基礎的方法。

世代畫分是區隔大眾市場最常見的方式。其前提是，在同一時期出生和成長的群體經歷了同樣的重大事件。因此，他們擁有相同的社會文化經歷，更有可能擁有類似的價值觀、態度和行為。現今有五個世代共同生活：嬰兒潮世代、X 世代、Y 世代、Z 世代，以及 α 世代，參見圖 2.1。

▌圖 2.1

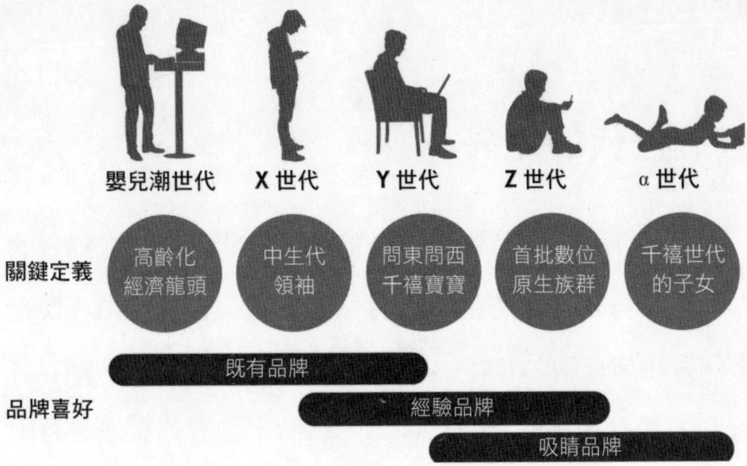

嬰兒潮世代：高齡化經濟龍頭

嬰兒潮世代出生於 1946 年～ 1964 年間，這個詞是指二戰結束後，美國與世界各地的高出生率。隨著戰後安全與經濟的發展，許多夫妻決定生小孩，因而成為當時行銷人員的首要目標市場。

早期的嬰兒潮世代在飛速發展的 1960 年代還是青少年，往往在相對較為富裕的家庭中長大。然而，他們的青春歲月卻是在這十年間社會政治的緊張局勢中度過。因此，一般常把他們與歐美國家的反文化運動聯想在一起。許多非主流的理念，例如社會運動、環保、嬉皮生活形態都是在這個時代出現。隨著電視和廣告的興起，加上新好萊塢的浪潮，又進一步拓展了反文化運動。

不同於早期的嬰兒潮世代，晚期的嬰兒潮世代，又稱瓊斯世代（Generation Jones），在動蕩的 1970 年代進入青少年時期，卻落入經濟困境。他們的父母都要上班，平時要獨立生活，剛出社會就得加倍努力。晚期的嬰兒潮世代是 X 世代的前身，與 X 世代有著許多相似的特徵。

由於人數眾多加上成長過程遇到美國戰後經濟榮景，嬰兒潮世代儼然成為主要的經濟力量。數十年來，嬰兒潮世代一直是行銷人員鎖定的對象，後來人數才被 Y 世代人數超越。如今，隨著他們愈來愈健康和長壽，嬰兒潮世代逐漸延後退休，把個人職涯拉長到六十五歲以後。嬰兒潮世代仍在企業中擔任主管職務，但通常不願意採用新興科技或打破傳統的商業觀念，因此經常受到年輕世代的批評。

X世代：中生代領袖

X 世代是指 1965 年～ 1980 年出生的族群。由於夾在高人氣的嬰兒潮世代和 Y 世代之間，X 世代已遭到行銷人員忽略，因此稱作「被遺忘的中生代」。

X 世代在童年與青少年時期經歷了動蕩的 1970 年代和充滿變數的 1980 年代，但進入職場時的經濟環境較好。他們深深體會「先朋友再家人」的看法。在雙薪家庭或離異家庭中長大的 X 世代孩子，與家人相處的時間較少，與朋友的來往較多。X 世代內深厚的同儕關係催生了 1980 年代爆紅電視劇刻畫友情的橋段，《飛越比佛利》（Beverly Hills 90210）和《六人行》（Friends）就是如此。

身為夾在中間的世代，X 世代經歷了重大的消費科技轉型，導致他們適應力極強。X 世代的青春歲月都在觀賞 MTV 音樂影片或拿著隨身聽（walkman）聽著卡帶合輯。成年後，他們先後經歷了使用 CD、MP3，以及串流音訊來聽音樂，還見證了 DVD 租借市場的興起和衰落、產業轉型至影片串流媒體。最重要的是，他們出社會時，網路方興未艾，因而成為早期的上網族群。

儘管 X 世代遭到大部分行銷人員的忽視，這個世代已成為就業市場中影響力卓著的族群。他們的平均工作資歷二十年、恪守職業倫理，往往都已位居業界領導階層。由於嬰兒潮世代紛紛延後退休，導致 X 世代難以繼續升遷，因此許多人選擇在四十多歲離職、另起爐灶，成為獨當一面的創業家。

Y世代：問東問西的千禧寶寶

Y 世代是指 1981 年～ 1996 年間出生的族群，過去數十年來備受關注。他們成年時正逢新的千禧年，一般普遍稱為「千禧世代」。Y 世代也出生在嬰兒潮時期，大部分都是嬰兒潮世代的子女，因此也有人稱之為回聲潮世代（Echo Boomer generation）。一般來說，他們比前面世代的教育程度更高，文化上也更加多元。

這個世代也是第一個密切使用社群媒體的世代。相較於 X 世代基於工作需要而在職場首次使用網際網路，Y 世代學習使用網路的年齡要小得多。因此，Y 世代最初使用社群媒體和其他網路相關科技，都是為了實現個人目標。

在社群媒體上，他們往往非常盡情地表達自己，並經常與同儕進行比較。他們覺得需要獲得同儕的肯定與支持，因此深受同儕的言行與購物所影響，相較於既有的品牌，他們更信任同儕。Y 世代主要使用手機在網路上搜尋與購物，但他們不像前幾個世代經常購物，喜愛體驗勝過擁有，不大注重積累財富與資產，反而一心想蒐集人生故事。

由於 Y 世代的教育程度較高、多元又接觸到數不清的內容，他們的思想更加開放，也更理想化。Y 世代對一切事物都會提出質疑，因此容易在職場上與希望他們循規蹈距的老一輩世代發生衝突。

千禧世代與嬰兒潮世代的父母一樣，通常再區隔為兩個子世代。年長的千禧世代（出生於 1980 年代），在 2008 年全球金融危機和餘波蕩漾的期間投入職場，因此不得不在嚴峻的就業市場上生存，有些人最後選擇創業。由於工作上競爭非常激烈，他們往往把生活與工作分得很清楚。另一方面，出生於 1990 年代的年輕千禧世代，出社會時面對較好的就業市場，傾向於把生活與工作結合。換句話說，他們只想做自己喜歡的工作，工作本身應當很充實。

年長的千禧世代是「橋梁世代」，因為他們學會了同時適應數位與實體世界，如同先前的 X 世代。然而，年輕的千禧世代更像 Z 世代，因為小時候就開始使用了網路，自然會將數位世界視為實體世界的無縫延伸。

Z世代：第一批數位原生族群

行銷人員如今正把目光轉向 Z 世代。身為 X 世代的子女，Z 世代，又稱作百年世代（Centennials），出生於 1997 年至 2009 年之間。Z 世代中有許多人見證了父母與兄姊辛苦地賺錢，因此比 Y 世代更有理財觀念。他們多半懂得存錢，並將經濟穩定視為職涯選擇的重要因素。

Z 世代出生時，網路早已成為主流，一般公認是首批數位原生族群。他們並未有缺乏網路的生活經驗，認為數位科技是日常生活不可或缺的一環，向來藉由手邊的數位設備上網學習、觀看新聞、購物和社交。他們會透過多個螢幕不斷地吸收各種內容，即使在人際互動的場合也是如此。因此對這些人來說，線上與線下之間的邊界早已模糊不清。

在社群媒體的推波助瀾下，Z 世代以照片和影片等形式記錄自己的日常生活。但不同於 Y 世代懷抱理想，Z 世代通常生性務實。相較於 Y 世代喜歡發表光鮮亮麗、套用濾鏡的照片，藉此打造個人形象，Z 世代寧願呈現真實又坦率的自己。因此，Z 世代很討厭那些利用大量後製導致影像失真的品牌。

由於 Z 世代分享個人資訊的意願相對高於過去的世代，他們便希望品牌能夠提供個人化的內容、產品和顧客體驗，還希望品牌能讓自己自行客製化產品或服務的消費方式。由於以 Z 世代為對象的行銷內容數量實在太龐大，因此 Z 世代極重視個人化與客製化的便利性。

Z 世代與 Y 世代一樣，非常關注社會變遷與環境永續等議題。他們的務實精神讓自己更有信心克盡個人職責，透過日常決策來推動改革。Z 世代偏好強調能解決社會和環境問題的品牌，認為自己對品牌的選擇會迫使企業改善其永續發展的實務。Z 世代還熱衷於從事志工服務來改變現狀，並希望雇主能夠提供這樣的平台。

另外，Z 世代在維繫品牌關係的過程中，通常會設法持續參與。他們希望品牌能像自己的行動裝置和遊戲設備一樣提供刺激，因此希望企業不斷更新優惠，也希望企業在每個接觸點都提供全新的互動式顧客體驗。假如不能滿足這項期待，就會導致品牌忠誠度降低。以 Z 世代為行銷對象的企業，務必要因應這類產品生命周期縮短的情況。

現今，Z 世代人口已超越 Y 世代，成為全球最大的世代。到了 2025 年，他們將占勞動人口的絕大部分，從而成為產品和服務的最重要市場。

α世代：千禧世代的子女

α 世代於 2010 年～ 2025 年之間出生，可說是完全屬於 21 世紀的第一批孩子。「α 世代」這個希臘字母組成的名稱是由馬克．麥可林多（Mark McCrindle）所創造，意味科技匯流（technological convergene）所塑造的全新世代，不僅是數位原生族群，還深受父母（Y 世代）和兄姊（Z 世代）的數位行為影響。恰巧的是，2010 年是大多數孩子喜愛的 iPad 問世之時，也就是這個世代出現的表徵。

α 世代的性格深受 Y 世代父母教養方式的影響。Y 世代較為晚婚，更重視教育與子女的教育，也很早就教導孩子金錢和理財觀念。此外，他們在極為多元又節奏快速的都市環境中撫養孩子。因此，α 世代不僅受過良好的教育、精通科技，還具有包容力且善於交際。

由於有 Y 世代的撫養和 Z 世代的影響，α 世代從小就開始積極使用行動裝置來消費數位內容。與前幾個世代相比，α 世代的螢幕時間相對較長，每天都會看線上影片、玩手機遊戲，有些人還有自己的 YouTube 頻道和 Instagram

帳戶，主要由他們的父母設立和管理。

α 世代更願意接受品牌置入內容，例如 YouTube 上的玩具評論頻道。他們的學習風格更注重手作與實驗，也很喜歡玩科技玩具、智慧裝置與穿戴設備。科技對他們不僅是生活中不可或缺的一環，更是自身的延伸。α 世代的成長過程中，將持續運用人工智慧、聲控與機器人等模仿人類的科技。

現今，α 世代尚未具備巨大的消費能力，但已對他人消費產生了強大的影響。根據 Google／益普索（Ipsos）的研究顯示，74％的千禧世代父母主動讓 α 世代子女參與家庭決策。此外，部分孩子已成為社群媒體的網紅（influencer），成為其他孩子的榜樣。偉門智威公司（Wunderman Thompson Commerce）發表的一份報告顯示，英美兩國有 55％的孩子願意購買自己喜愛的社群網紅所使用的東西。因此，他們早晚會成為全球行銷人員的焦點。

不同世代的購買決策

想要了解五個世代重視的議題，就要分析各個世代所

圖 2.2　人生階段與關鍵要務

經歷的人生階段。一般來說，人類發展可以分為四個人生階段，即基礎階段（Fundamental）、衝刺階段（Forefront）、栽培階段（Fostering）和終老階段（Final）（參見圖 2.2）。每個人生階段一般橫跨二十年左右，一個人成長到下一個階段時，人生目標和優先要務會大幅改變。

第一個人生階段屬於基礎階段，重點是學習。在人生的前二十年，一般人還在探索與適應環境，知識和技能不僅要從正規教育中學習，還要從友誼和人際關係中學習。這個階段也要重新探索對自我的認同與生存的理由。

第二階段稱為衝刺階段。在這個二十年期間，一般人開始從學校過渡到職場，開始謀生和打拼事業，也變得更加獨立。在這個階段，由於個人健康處於最佳狀態，因此通常更願意冒險、更願意去探索人生。此時，一般人也開始專心經營愛情。

人生的第三個階段就是栽培階段，一般人會逐漸安頓下來、建立家庭。在歷經第二個人生階段的龐大壓力後，此時往往會恢復較為健康的生活方式，也會花更多時間提拔他人，在家庭中專注地為人父母和家庭生活，在工作上則重視輔導晚輩。在這個階段，回饋社會也成為人生的重要目標。

在最後一個階段，一般人往往會設法適應養老生活與常保快樂。這段時期主要是因應健康亮起紅燈與處理人際關係，並且認真地享受生活、參與有意義又充實的活動。此時充滿了對人生經驗的反思，因此會開始陶冶智慧、設法將畢生知識傳遞給年輕世代。

對於嬰兒潮世代來說，從一個階段換到下一個階段通常需要二十年。如今，嬰兒潮世代多半走到終老的階段，但他們選擇延後退休年齡，至今依然活躍、生活多采多姿。

X 世代的各個階段軌跡也相當類似，現在多半正處於栽培的人生階段。許多人在四十多歲時，就自行創業成功、擔任領導高層。他們注重工作與生活的平衡，同時也懂得回饋社會。

Y 世代走的是一條略為不同的道路。他們達到結婚和生育等傳統人生里程碑時，年齡比其他世代大上許多。這其實是一種取捨，因為他們選擇在年輕時追求其他重大里程碑，特別是在事業與社會貢獻方面。Y 世代不願意像嬰兒潮世代與 X 世代那樣，慢慢地依循傳統管道升遷，而是想透過頻繁更換工作或趁年輕時創業來飛上頂端。因此，相較於嬰兒潮世代，他們能快速地從一個人生階段進入下一個階段。如今，他們應該還處於衝刺階段，但有些人已具備了栽培階段的心態。他們早在更年輕時，就開始思考工作與生活的平衡，而領導風格則是以教練的方式來加強他人能力，並以社會的使命為動力。雖然 Y 世代的生活充滿了科技，但更強調人與人之間的互動，這也是栽培階段的基石。

我們認為，Z 世代和 α 世代的人生階段也較短，因此在年輕時就有更成熟的心態。他們更願意承擔風險、從做中學，本質上結合了基礎階段和衝刺階段。他們即使在二十歲以下，想貢獻社會的心願也更為強烈。他們對科技的看法並不膚淺，也不認為科技只是噱頭，而是視科技為快速又準確完成任務的關鍵推手，這樣他們才能專注於真正重要的事物。

一旦人生階段縮短，就會對行銷方法產生深刻意涵。想要服務 Z 世代和 α 世代這兩個未來十年最重要的世代，不僅僅要重視科技的應用，還要設法運用科技落實以人為本的解決方案。

世代差異與行銷演變

我們向來認為，行銷這個詞的英文理應從「marketing」改為「market-ing」，因為內涵持續不斷地演變以適應不斷變遷的市場（參見圖 2.3）。

行銷1.0：產品導向行銷

行銷 1.0 即以產品為中心的行銷，始於 1950 年代的美國，主要是為了服務富裕的嬰兒潮世代及其父母而發展起

圖 2.3　五個世代與行銷演變

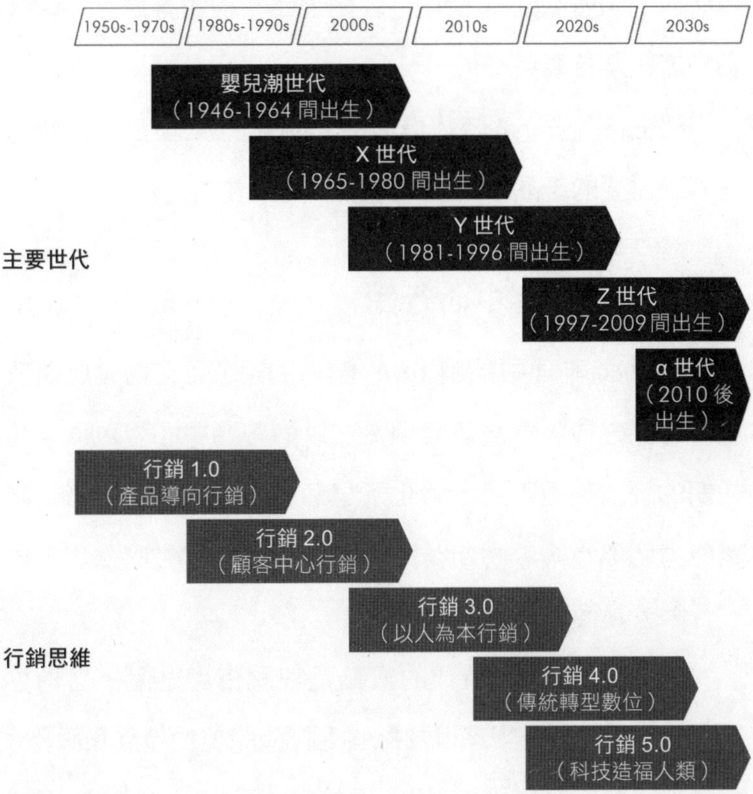

來，目的是打造完美的產品和服務，以在顧客心目中產生最高價值，受到青睞的產品和服務往往功能齊全、比競爭對手更具優勢。企業具備了顧客的最佳利益，就會長期對這些產品和服務提出更高的價格。因此，這個時代所創造的基本行銷思維著重於產品開發與生命周期管理，以及創造最佳的 4P（產品、價格、經銷通路、促銷推廣）。顧客滿意度成為首要目標。

然而，行銷 1.0 時代最大缺點在於企業經常讓消費者購買不需要的產品，到頭來導致消費主義的文化。

行銷2.0：顧客中心行銷

在 1960 年代中期到 1970 年代中期的反文化與反消費主義運動之後，行銷演變得更加以顧客為中心。1980 年代初期的經濟衰退進一步強化了這個趨勢，導致消費者的購買能力明顯下降。晚期嬰兒潮世代與 X 世代省吃儉用，成了行銷人員面臨的主要難題。

因此，行銷 2.0 時代的重點是理解市場區隔、目標界定與產品定位。企業不再為每個人打造完美的產品和服務，而是更了解自己的目標市場，並精準找到自己的市場定位。企業脫下花俏的外衣，根據消費者的需求和願望，專注於特定產品功能，這也反映於目標市場的適當定價水準上。

企業還更加努力地與顧客建立長期的關係。行銷人員運用顧客關係管理的方法來留住顧客，避免他們投入競爭對手的懷抱，策略目標從提升顧客滿意度，轉為維繫顧客基本盤。

行銷3.0：以人為本行銷

Y 世代興起，加上 2000 年末期發生全球金融危機，導致行銷產業出現另一次重大轉型。由於 Y 世代能自由獲取資訊，又受不了金融業層出不窮的醜聞， 對於只以盈利為動機的企業信任度很低。Y 世代要求企業推出的產品、服務和文化能帶給社會和環境正面的影響。因此，以人為本的行銷，亦即行銷 3.0 的時代來臨。企業開始將道德與社會責任行銷實務納入商業模式。

行銷4.0：傳統轉型數位

數位化與以人為本的趨勢相輔相成。Y 世代朝向數位經濟靠攏，Z 世代在一定程度上亦然。行動網路、社群媒體與電子商務的興起改變了顧客的消費通路。市場行銷人員透過全方位通路宣傳、提供產品和服務，以適應這種變化。他們開始從傳統走向數位，實踐行銷 4.0。

行銷5.0：科技造福人類

隨著 Z 世代和 α 世代的崛起，行銷產業也到了再次演變的關頭。

這兩個最年輕的世代主要關注兩個面向。第一個面向是帶給全人類正向的改變、提升大眾的生活品質；第二個面向則是推動人類各方面的科技進步。想要服務 Z 世代和 α 世代，行銷人員得持續採用即至科技來提升生活水準。換句話說，行銷 5.0 會是行銷 3.0（以人為本）與行銷 4.0（科技賦權）的結合。

總結：從嬰兒潮到 α 世代的行銷對策

在未來十年，X 世代將占據行銷界幾乎所有的領導地位。身為行銷人員，他們是唯一在人生不同階段接納行銷 1.0、行銷 2.0、行銷 3.0 和行銷 4.0 的世代。在 Y 世代中階主管的支持下，X 世代將主導企業行銷計畫，以服務 Z 世代和 α 世代。

上述兩個最年輕的世代將成為行銷 5.0 的催化劑，整合行銷 3.0 和行銷 4.0。他們極為關注科技如何賦權、提升人類福祉，譬如改善生活品質、打造幸福未來。凡是贏得 Z 世代和 α 世代信任的企業，就能夠在行銷 5.0 時代主宰市場。

行銷人的課題

- 你的組織現在服務哪些世代？你充分了解他們的喜好與行為嗎？
- 你的組織是否已準備好迎向未來？換句話說，你是否在組織內提前部署，以服務 Z 世代和 α 世代等數位原生族群？

第 3 章

繁榮兩極化

中間市場逐漸消失，只能往兩端靠攏

演算法過於注重少數人的行為模式

《絕命大平台》（The Platform）是一部反烏托邦的驚悚電影，場景設定在一座數百層的高塔監獄中，每層隨機分配兩名囚犯。每天中央的移動平台會從上層移動到下層，供應各種美食給囚犯。上層的囚犯可以盡情地吃，剩下的食物才留給下層的囚犯。由於頂層的囚犯貪婪自私，大部分囚犯都是湊合著吃廚餘。愈往下層就愈容易沒有食物，導致下層囚犯只能挨餓。

不過，有機會可以解決這個問題。由於每個月囚犯都會被輪替到不同樓層，所以大吃與挨餓都會體驗到。他們知道，只要定量吃飯，食物其實是足夠分給所有人。但因為每個人不時都得辛苦求生存，所以沒有人展現同理心。這個故事反映了經典的「囚徒困境」，即個人從自身利益出發，往往不會產生最佳結果。

這部電影之所以獲得好評，是因為蘊含能引發共鳴的道理，象徵著社會的不平等與背後的無知大眾。上層享盡榮華富貴，底層卻是受苦受難。而大多數人似乎無意縮小兩者的差距。這個意喻也反映了我們所面臨的永續難題，當代人在開發環境的同時，並沒有考慮到自己留給後代的負擔。

實際上，人類的一大嚴峻挑戰就是貧富差距不斷擴大，導致社會兩極化出現在日常生活的各個面向。有關性別平權、乾淨能源、智慧城市的討論似乎主要只集中在精英階級。與此同時，在光譜的另一端，許多人卻難以脫離貧困，連取得食物、醫療與基本衛生設施都有困難。正因如此，社會變遷往往無法從富裕的早期使用者，跨越到較為拮据的大眾。

有些人認為，科技將讓競爭環境更加公平，讓所有人都能享有更好的生活。但從多年研究來看，大多數科技解決方案仍然要價高昂。假如沒有適當的介入，科技創新只會有利富人，因為他們較有機會使用。舉例來說，教育程度高又從事高價值工作的菁英便能利用自動化致富，而光譜另一端的族群會失去工作。

如今，人類對科技的使用還是過於集中在金字塔的頂端。不難理解的是，企業會跟著錢流，把科技導入有商機的分眾市場。因此，人工智慧演算法過於注重少數人的行為模式，誤以為社會大眾與其相似，而先進的科技卻往往與大多數人無關，這種情況需要改變。行銷 5.0 奏效的必要條件之一，就是提高科技的普及度與相關性。

兩極化的社會

過去數十年來，企業創造了巨大的財富。然而，財富分配不均，社會人口往相反的方向集中，中產階級慢慢移動，不是爬向金字塔頂端，就是掉到金字塔底層。社會的形態因此從常態分布，轉變成 M 型分布（如同威廉・大內

圖 3.1　兩極化的社會

工作兩極化
高價值又高薪的工作，以及低價值又低薪的工作增加，而中階工作萎縮
意識形態兩極化
世界觀與意識形態兩極化，例如保護主義與自由貿易對立
生活方式兩極化
極簡主義與消費主義的生活方式同時普及，影響民眾對產品與服務的消費
市場兩極化
高級奢侈商品與低價特惠商品增加，而中間市場萎縮

和大前研一的觀察），造成上層和下層的人口最多，兩端的人生要務與意識形態互斥，彼此之間會產生矛盾，參見圖 3.1。

工作的兩極化

造成貧富懸殊的一項主因是獲取財富的機會不均。在企業結構中，高層主管本來就有更大權力來決定或談判優渥的薪資。根據經濟政策研究所（Economic Policy Institute）的報告，過去四十年內，公司高層的薪資成長了 1000％以上。有些人會宣稱，高薪是理所應當，因為大多數報酬與股東價值成長連動。但有些人則主張，過高的報酬是主管權力與需求的結果，而不是反映實際貢獻和能力。然而，主管薪資的成長幾乎是普通員工的一百倍，進而擴大了貧富差距。

另一項因素是獲取財富的能力和技巧不同。根據經濟合作暨發展組織（OECD）的報告，高價值的高薪工作和低價值的低薪工作不斷增加，中階的工作卻持續萎縮。具備炙手可熱能力的人才，包括白領和藍領工作，雖然不一定有高薪，但就業的機會更大。美國勞動統計局（The Bureau of Labor Statistics）估計，與替代能源、資訊技術、醫療保健和資料分析相關的技術工作在未來十年內會成長最快，其中部分工作的報酬很高，但部分工作的報酬少得可憐。兩者的差異導致就業結構愈發兩極化。

對於美國這樣的已開發國家來說，全球化和數位化都使得就業雙峰現象更加嚴重。全球化使得企業可以將低技術的工作轉移到海外，把重點放在高技術的專業上，以出口給新興國家。同理可證，數位化，特別是製造業自動化，導致重複性質高的工作消失，同時增加了對高科技職缺的需求。

意識形態的兩極化

全球化的矛盾之處在於要求經濟包容性的同時，卻無法創造平等的經濟體。全球化幫助了多少國家，似乎就傷害了多少國家。許多人指責全球化是造成不平等的罪魁禍首。為了因應這種情況，社會大眾開始選邊站，信念與國際觀趨向兩極化。有些人認為接納無國界的世界會賦予更多價值，有些人則呼籲築起高牆以落實保護主義。正如同英國脫歐過程與美國前總統川普（Donald Trump）在任時所見，政治人物設法採取更封閉的模式，並加深隔閡來增加自己的選票。

身分政治正在世界各地興起，產生直接的影響，帶來的副作用就是立場與決策是透過政治身分來確定，但不一定是為了共同利益。而且對話愈來愈分歧，背後往往是由情緒而不是事實主導。社群媒體的同溫層，加上各種詐騙的傳播，更讓當前的現象每下愈況。

因此，數個關鍵議題比以往都更加兩極化。政黨派系成為區分主要議題的方式，例如因應氣候變遷和管控醫療費用的策略，一般認為對於民主黨來說比較迫切。相較之下，經濟與反恐政策則是共和黨人的首要之務。就連完美家庭的定義也存在著黨派的差異。根據皮尤研究中心（Pew Research Center）的資料，民主黨多半傾向密集住宅區，公共設施都在步行距離內，而共和黨人則持相反的意見。民主黨也比共和黨更偏好居住於族群組成多元的住宅區。

生活方式的兩極化

兩極化不僅展現於意識形態與住宅區的選擇，還反映在對生活方式的喜好上。在光譜的一端，極簡風潮愈來愈流行。專門清理家庭雜物的日本整理達人近藤麻理惠（Marie Kondo），就因為倡導用極簡方法整理房子而享譽全球。極簡主義背後的理念是用較少的東西生活，藉此降低壓力、減輕負擔，讓人有更多的自由追求真正重要的東西。

COVID-19 大流行與失業帶來的經濟困難，確實迫使一些人過著節儉的生活，他們更重視必要開銷，而不會隨意花費。但即使是購買力較強的富人，也會選擇較不奢華的生活方式，避免過度購物。同時，他們也意識到自己的碳足跡，並對全球的貧窮問題展現同理心，選擇不再一味追求物質享受。他們的生活方式依循有意識的消費、永續服裝與負責任的旅遊方式。

但在光譜另一端，重視消費的生活方式也在崛起。有些人渴望炫耀奢侈的生活方式和毫無節制的血拼。雖然不同的社會經濟階層都有這種人，但大多數都來自中產階級與新興富裕階層。

消費主義人士以社群媒體為基本工具，渴望仿效上流社會成員並努力向上爬。他們往往是早期採用者，對於新推出的產品趨之若鶩，社群媒體也成為了品牌體驗日記，經常出現「錯失焦慮」（fear of missing out, FOMO），影響了自身購買決策和人生重心。他們的口頭禪是「人生只有一次」，所以會全力以赴地消費。

光譜兩端的人都相信自己的生活方式能帶來幸福。無論是消費主義或極簡主義，都會吸引那些設法利用新興生活方式的行銷人員。實際上，這兩個生活方式已是值得挖掘的兩大市場，而介於兩者之間的生活方式卻逐漸消失。

市場的兩極化

市場不再由從最便宜到最豪華的各種產品與服務組

圖 3.2 各類別的市場兩極化

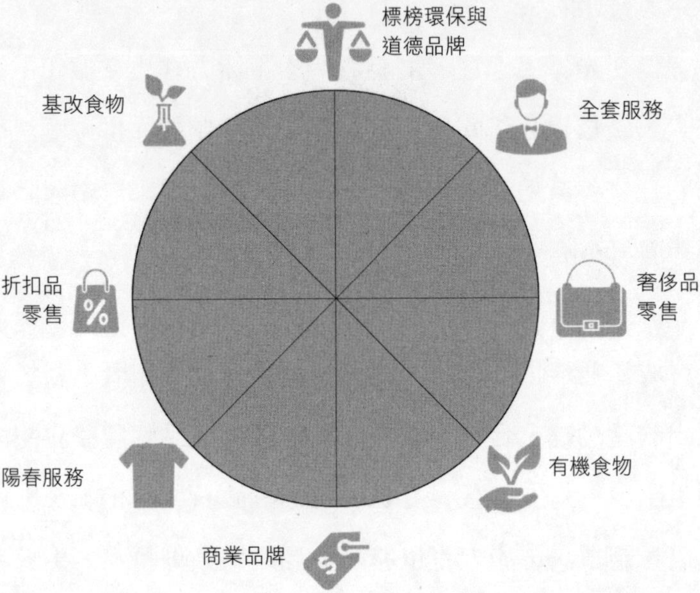

成，而是趨向高價與低價兩個極端，中間市場正在消失，因為民眾不是屈就於購買品質不錯但陽春的東西，就是上看高級豪奢的選項。因此，高端和低端產品在成長的同時，也把夾縫中求生的中間市場產品逐漸淘汰。這個現象在各個類別都可見到，例如食品雜貨與時尚零售、食品服務、航空和汽車產業，參見圖 3.2。

經濟危機，特別是伴隨著最近新冠疫情的經濟危機，似乎對低收入顧客的消費產生了長期衝擊。在手頭拮据時，撿折扣品的消費者激增。顧客為了省錢而購買基本的低價產品，發覺品質尚可接受後逐漸習慣。有些人甚至意識到自己之前的花費過度，導致再也不購買價格較高的品牌了。除了這項趨勢之外，近來低價產品的品質也紛紛改進，這都得歸因於製造技術的成本降低、效率卻大幅提升的緣故。

另一方面，高收入顧客不太容易受到經濟危機的影響，甚至還會從中受益。這些危機與疫情提醒了他們健康的重要性，因此他們選擇保障身體健康的優質產品與服務。同樣不變的是，對於新富階級來說尤其如此，賺得多往往等於花得多。隸屬於上流社會的一份子，也促使他們與其他人過著類似的生活，並且炫耀自己的成就。因此，他們總是以更高價的產品服務為目標。

為了順應這項趨勢，產業人士正在設法取得成本優勢，或採取顧客體驗策略。低成本供應商注重商品和服務的內在價值，即去除那些花俏的周邊，把核心利益加倍放大，同時說服民眾不要在品質上妥協。他們將策略從綁定改為非綁定（from bundled to unbundled）的價值主張，方便客戶挑選適合自己的產品和服務配置。

同時，高價品牌強調擴充產品的外在價值，標榜全方位的顧客體驗創新，為客戶提供最優質的素材、專屬的銷售與服務管道，以及奢華的品牌故事等多合一的綁定方案。他們也設法藉由提供價格合理的奢侈品，邀請更多中階客戶把消費需求升級，從而擴大自己的市占率。

有什麼成長方式可以改善現狀？

貧富懸殊加劇導致的社會兩極化，可能對生活許多方面產生深遠的影響。難以忽視的是，在全球化和數位化的過程中，苦苦維生與平步青雲的族群之間鴻溝巨大。假如問題一直無法解決，政治變數、社會不穩與經濟崩盤恐會成為重大的風險。企業對於財富分配不均負有部分責任。市場期望企業能採取更包容、更永續的成長方式來改善現狀，參見圖 3.3。

▌圖 3.3　企業行動的原因

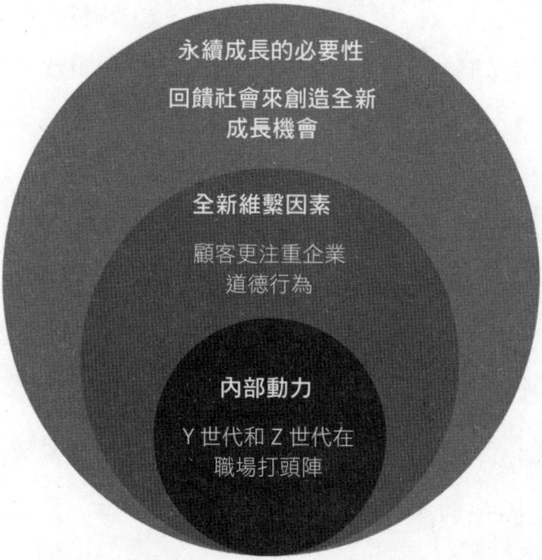

永續成長的必要性

近年來，企業發現更難找到全新的成長。未經探勘又具有購買力的市場已少之又少。經營得再好的企業也努力透過拓展市場、導入新產品來創造和維持成長，這仍會是項艱巨的挑戰。經濟學家預測，未來十年內，全球經濟成長將持續放緩。

市場飽和、新進者增多、購買力減弱、操作過於複雜等常見障礙，很可能都是經濟近乎停滯的成因。然而，這也許提醒我們，企業成長不久便會達到極限，不僅從生態的角度來看如此，從社會的角度來看也是如此，環境承載力有限，市場承載力也有限。

企業過去認為，如果把部分利潤再投資於社會發展，會犧牲快速成長，但企業必須了解的是，事實恰恰相反，做生意必須考量負外部性。數十年來，過於積極的成長策略導致環境惡化、社會不公，企業不可能在衰敗的社會中茁壯。

如果只強調成長而非發展，企業很快就會達到極限。在繁榮兩極化愈來愈明顯的情況下，市場，尤其是底層，必然無法容納更多雄心勃勃的成長計畫。成功的企業有足夠的力量彌補損失。因此，企業想要實現永續發展，成長計畫必須納入社會發展的一項關鍵因素。

從未來成長的角度來看，企業進行的社會行動終究會是一項良好的投資。數十億未受到充分服務的人口只要擺脫貧困、接受良好教育、獲得更好收入，全世界的市場就會大幅成長。以前未被開發的市場成為全新成長來源。此外，在更加穩定的社會和永續發展的環境中，做生意的成本與風險也會大幅降低。

人類的難題，也是企業的商機

十年前行銷 3.0 剛問世時，目的導向的商業模式是相對較新的差異化來源，帶給早期採用者競爭優勢。隨著有些顧客青睞起那些舉辦有正面社會影響力活動的品牌，少數企業開始接納以人為本的方式，把它設定為核心商業策略。這些走在潮流尖端的品牌，例如美體小鋪（The Body Shop）和班傑利冰淇淋（Ben & Jerry's）就是公認的酷炫品牌。他們把數項社會問題的解決方案融入日常業務，並且讓顧客參與其中。人類所面臨的最嚴峻難題，往往也是這些企業的最大商機。

現今，以人為本的趨勢已成為主流。數以千計的企業特別關注自己對社會和環境的影響，甚至積極視其為創新的主要來源。許多品牌提倡健康的生活方式、盡量減少碳足跡、與新興市場供應商進行公平貿易、確保良好勞動行為或在金字塔底層營造創業家精神等，因而擄獲了一批忠實的粉絲。

假如沒有更廣泛的願景、使命與價值觀，品牌就沒有競爭的資格，這儼然已成為一項維繫因素。企業未能融入問責的實務，就面臨被潛在顧客忽視的風險。顧客愈發會根據企業道德行為的觀感做出購買決策。實際上，顧客現在希望品牌能對社會有所貢獻，而企業本身也曉得這一點。微軟、星巴克、輝瑞、聯合利華等數百家公司曾發起「拒用仇恨牟利」（Stop Hate for Profit）的活動，暫停在 Facebook 上投放廣告，呼籲該社群媒體善加處理仇恨言論與假消息，這便證明了企業行動的重要性。

品牌應該開發、培育，而不僅僅是利用正在競爭的市場。換句話說，企業不僅要負責提升短期的股東價值，還要負責增加長期的社會價值。由於網路的發展，企業一直都受到外界審視，顧客也更容易監督企業的道德表現。如今的標準實務是：企業透過永續發展報告來管控和公布自己的進度、定期披露企業營運造成的經濟、環境和社會影響。

內部推力

外部趨勢往往也反映了內部動態。年輕人才普遍看重社會影響力。為了滿足員工的需求，企業開始將社會使命納入企業價值觀。Y 世代員工是就業市場中最大的族群，長期以來一直提倡社會變革。他們不僅利用自己身為顧客的購買力，還從內部倡導社會變革，從而發揮影響力。現在Z世代開始進入就業市場，不久就會成為新的多數，要求企業扛起社會與環境責任的內部壓力也不斷攀升（關於不同世代的資訊，請參見第2章）。

職場的多元、包容與平等機會已成為人才爭奪戰中的必備條件，大幅影響著招募、薪酬與員工培育實務。而波士頓顧問公司（BCG）、麥肯錫（McKinsey）與瀚納仕（Hays）的大量研究顯示，這些實務的確可以藉由更健康的文化、更棒的創意與更豐富的視野，提高企業的生產力和業績。

此外，企業價值觀對於吸引和留住年輕一代員工來說，比以往更加重要。為了成為理想中的雇主，企業對員工需要像對顧客一樣，運用相同的說故事方式。企業價值觀與業務同步時，才會讓人感覺誠懇。舉例來說，石油與天然氣公司必須關注再生能源與電動車的轉型。個人護理品牌可以選擇為其服務社區的衛生與環境衛生做出貢獻。解決肥胖問題則可以成為食品與飲料公司的重點。

然而，信譽不能再僅僅是行話；企業必須展現誠信、

▌圖 3.4　十七項永續發展目標（SDGs）的包容與永續發展內容

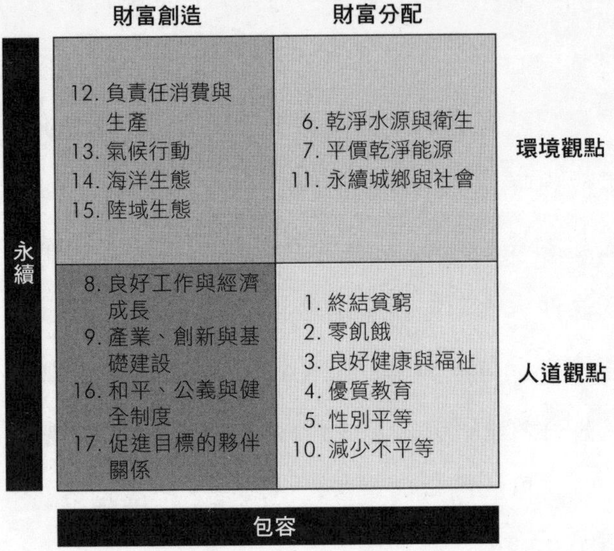

以身作則，因為員工很容易察覺虛偽的承諾與投機行為。這不應該只限於慈善捐款或慈善行為的面向，而必須影響整個企業策略，從供應鏈、產品開發、經銷到人力資源實務皆然。

策略與永續發展目標接軌

企業在改善社會方面的角色至關重要。但即使大多數企業投入了資源，並將企業行動當作策略核心，影響也可能不足以改變世界，還需要採取協調一致的行動，以確保取得共同成果。由政府、民間團體與企業參與的全球合作平台，將有助高瞻遠矚的企業在全球各地找到志同道合的組織進行合作。

永續發展目標（Sustainable Development Goals, SDGs）就扮演了關鍵角色。2015 年，聯合國會員國提出了《2030 年議程》（Agenda 2030），承諾要全面實現十七項目標，即 SDGs（參見圖 3.4）。這些目標取代了千禧年發展目標（Millennium Development Goals, MDGs），成為一套共同願景和標準藍圖，指引主要利害關係方因應最迫切的社會與環境難題。

SDGs 的落實在今後仍然面臨不少阻力，主要原因是一般人對其重要性的認識不足。世界經濟論壇委託進行的研究顯示，全球大約 74%的公民聽過永續發展目標。然而，大多數人較傾向支持迫切重要的目標，例如與糧食、飲水、健康和能源有關的目標，一旦牽涉更崇高的目標時，例如性別與收入不平等，他們就開始失去興趣。

要改善這類缺乏認同的情況，企業能扮演的角色顯而易見。藉由把永續發展目標納入行銷與其他商業活動中，便有助讓目標無縫融入顧客生活，這就會使永續發展目標變得家喻戶曉，而不是單純政府提出的倡議。

簡而言之，企業可以從兩大觀點看待 SDGs：人道與環境。一方面，改善世界是要幫助全人類創造更多的可能，諸如提供基本必需品、生活能力與相等機會。另一方面，這也牽涉保護環境，幫後代子孫建立永續的家園。

SDGs 還促進財富的創造與公平分配。具體目標旨在創造完美的生態系與條件，讓每個人都能發揮潛力，其中像是興建高品質的基礎設施、安全住宅，以及降低犯罪率與打擊貪污。其他目標一致側重於開拓發展機會，特別是替邊緣化族群提供機會，例如消除對婦女歧視、確保平等受教權。

上述分類有助於簡化目標，有助公司了解和思考貢獻的最佳方法。這十七項目標看起來可能繁複又令人卻步。但從基本精神來說，這些目標只是為了促進包容與永續發展。因此，企業可以迅速分辨在哪些目標上，可以依循自身價值鏈來發揮真正的影響力。

舉例來說，在包容方面，醫療保健企業可以專注於提倡健康的生活方式，並為鄉村貧困人口提供平價診斷工具與藥物。在永續發展方面，企業可以利用科技向偏遠地區提供遠距醫療服務，以減少通勤、節約能源與降低碳排放。

此外，金融服務企業可以推動普惠金融（financial inclusion），針對服務欠缺的市場能採用金融科技（fintech）模式。同時，他們也可以接納並促進永續投資，例如提供融資來開發再生能源、避免投資破壞環境的專案。

製造業可以採用循環經濟模式，落實生產原料的減量、回收與再利用，為永續發展作出貢獻。他們還可以聘雇弱勢族群、允許小企業參與供應鏈，藉此促進包容經濟。

企業可能很快就會發覺，這些包容與永續實務有著直接與間接的優點。辦公室與製造廠採取節能運作，意味著成本終將下降。遠距工作與共享交通造成通勤減少，也會為企業節省部分開銷。

此外，鎖定欠缺服務的族群開闢了新的市場機會，最重要的是，這會迫使企業進行逆向創新。過去，創新通常來自已開發國家，再慢慢影響開發中國家。現今，情況正好相反。舉例來說，奇異（GE）等企業向來都替開發中國家生產低成本的醫療設備，再行銷到已開發國家，重新定位成「可攜帶」裝置。

設定明確目標有助企業了解行動的規模與範圍，還能讓企業在組織內部率先落實。藉由評估和密切關注效益，就能鼓勵公司繼續落實，凸顯企業的社會行動不僅是一項責任，也是一種合理投資。此外，報告最終結果、一切公開透明，將會激勵同業效仿，並幫助潛在的合作夥伴發現合作機會。

總結：打造包容與永續的社會

現今行銷人員面臨的一大挑戰，就是人類生活的各個面向都出現了極端的兩極化現象，舉凡工作、意識形態、生活方式與市場皆然。根本原因是社經地位上下階層的落差愈來愈大，中間市場開始消失，只能往兩端靠攏。

凡事都趨向兩極化時，唯有兩項方式能有意義地定位品牌與企業。它限制了企業可以發揮的市場，最重要的是限制了成長的機會，尤其是在經濟放緩和市場參與者激增時更是如此。

包容與永續的行銷，與永續發展目標（Sustainable

Development Goals, SDGs）同步，藉由妥善地重新分配財富來解決上述問題，到頭來會使社會恢復原貌。企業必須將這項理念融入商業模式，肩負使命感，以投資來回饋社會，善用不可或缺的科技來加速進步，為每個人拓展機會。

行銷人的課題

- 你是否已在組織中接納以人為本的理念，並將社會影響力納入願景、使命和價值觀中？
- 請想一想，你要如何依照 SDGs 調整企業策略，藉此發揮更大的影響力。在這十七項目標中，哪些目標與你的產業相關？

第 4 章

數位落差的對策

讓科技成為注重個人、社群與體驗的工具

《連線》雜誌（Wired）2000 年 4 月這一期中，刊載了〈為何未來不需要我們？〉（Why the Future Doesn't Need Us）這篇文章，作者是昇陽電腦（Sun Microsystems）的共同創辦人比爾·喬伊（Bill Joy）。該文章假設了一個幻滅烏托邦的情景：擁有高度智慧的機器取代人類，即奇異點（Singularity）時代。在 20 世紀的最後一年，《連線》雜誌還發表了數篇封面故事，探討機器人和人工智慧的結合，並預測這類高科技對人類未來的衝擊。

二十年過去了，預測的情景尚未成真。奇異點仍是

爭論不休的問題。在 2019 年世界人工智慧大會（World AI Conference）的舞台上，特斯拉（Tesla）老闆伊隆．馬斯克（Elon Musk）和阿里巴巴老闆馬雲針對「人類對抗機器」展開了一場知名的辯論。馬斯克重申了比爾．喬伊對人工智慧可能終結人類文明的擔憂，馬雲則堅持認為，由於人類具有情感，絕對遠遠優於機器。

企業人士一直對人工智慧的威脅保持警惕，無論是擔心失業或人類滅絕。但有很多人懷疑，這個危險是否言過其實。我們很早以前就曾想像未來自動化由人工智慧操控，例如全自動的智慧住宅、自駕車和自行生產的 3D 列印機，但自動化僅製造出有限的原型，並沒有成功打入主流市場。

自動化確實會繼續接管一些工作。布魯金斯研究院（Brookings Institution）就預測，自動化恐會取代美國 25％的工作，尤其是重複性質的工作。但人工智慧想趕上人類智慧，甚至完全取而代之，還有很長的一段路要走。即使是奇異點支持者也認為，這需要數十年的時間才能實現。Google 的工程總監雷．庫茲威爾（Ray Kurzweil）和軟銀集團（Softbank）的孫正義（Masayoshi Son）預測，奇異點要到 2045 ～ 2050 年才會出現。

數位落差依然存在

截至 2020 年，網路使用者已達到近五十億人。根據廣告行銷公司 We Are Social 估計，這個數字還在以每天一百萬人的速度增加。因此，我們還需要再過十年才能達到 90%的滲透率。到了 2030 年，全球網路使用者人數將超過八十億大關，占全球人口的 90%以上。

網路連線的根本障礙不再是網路的使用與取得。全球人口幾乎都已生活在行動網絡覆蓋範圍內。以印尼為例，根據印尼通訊暨資訊科技部部長強尼．普雷特（Johnny Plate）所言，這個全球第四大人口大國建立了長度超過 21 萬 6,000 英里的陸地和海底光纖，好讓生活在 1 萬 7 千多個島嶼上的居民享有高速網路。

主要的障礙反而是連網的價格與使用案例的簡便與否。而由於網路的使用還沒有均勻分布，新使用者大部分會來自新興市場。這些市場通常都是行動網路優先，也僅有行動網路。平價的行動裝置、輕便的作業系統、低廉的行動數據方案與免費的無線網路熱點是達到「新一批十億名使用者」的重要動力。

除了連接人與人之外，網路還連接了裝置與機器，即所謂的物聯網。這可以用於監控，例如家用或工業用的智慧量表與資產追蹤。有了物聯網，裝置與機器可以相互溝通，一切都可以遠距自動管理，不需要人來操作。因此，物聯網終究將成為自動化的基石，而人工智慧則成為控制裝置和機器的大腦。

雖然科技企業預測，到了 2030 年，連接到物聯網的裝置將達到數千億，但真正落實的速度很慢。國際研究機構顧能（Gartner）估計，截至 2020 年，連接物聯網的裝置只安裝了將近六十億台，多半是智慧電表與建築安全監控系統。這項數字成長的關鍵動力是 5G，即第五代行動科技。5G 比目前的 4G 網速快一百倍，支援的裝置數量多十倍，使得物聯網的效率大大提高。

近乎無處不在的人與人、機器與機器的連接，是實現全數位化經濟的重要基礎設施。這可以實現自動化和遠距製造，淘汰傳統的供應鏈。這也允許買賣雙方之間無縫互動、交易和兌現承諾。就職場來說，這能改善員工之間的協調、提升業務流程效率、最終增加員工生產力。

但完全數位化的基礎設施，並不能保證社會也完全數位化。數位科技仍然主要用於基本通訊與內容消費。更高級的應用仍然很少，甚至在私部門也是如此。為了縮小數位落差，企業及顧客都必須多多採用相關技術。

儘管使用數位基礎設施的機會相同，但各個產業的採用率卻不盡相同。高科技、媒體娛樂、電信與金融服務產業屬於數位化的早期採用者。另一方面，建築、採礦、醫療保健與政府等部門則腳步落後。

許多因素影響了落實數位化傾向不一。現有的市場領導者往往對用數位資產取代累積的實體資產猶豫不決。但通常情況下，剛崛起的競爭者，資本較不密集的數位顛覆企業，會逼得他們出手。另一項動力則是面臨利潤下降時，需要裁員與刪減成本。對於利潤不斷減少的產業，數位化的壓力更為深刻。

但數位化的關鍵動能是來自顧客的推力。顧客要求用數位化管道進行溝通和交易時，企業將不得不從善如流。顧客高度重視數位化體驗時，就足以證實有投資的商機。這樣一來，就可以弭平數位落差。更加數位化的市場會促成更棒的行銷實務，企業也得以欣然接納行銷 5.0。

▌圖 4.1　數位化的風險與願景

數位化的風險與願景

傳統上，數位落差指能取得數位技術和無法取得獲得數位技術的族群之間的差距。但真正的數位落差，其實是指數位化提倡者與批評者之間的鴻溝。對於完全數位化的世界究竟帶來更多轉機還是危害，社會大眾的看法十分兩極，參見圖 4.1。除非我們控管風險與探索不同可能，否則數位落差將繼續存在。

數位化的風險

數位化有五大危害，令許多人心生恐懼。

1. 自動化與失業

隨著企業將機器人和人工智慧等自動化科技納入其流程，失業只是必然。自動化的目的是運用較少資源和提高可靠度來最大化生產力，但並非所有的工作都會面臨風險。重複性高的任務價值低、容易出現人為錯誤，便是機器人流程自動化（robotic process automation, RPA）最先開刀的對象。然而，需要同理心和創造力的工作則更難取代。

這項危害在全球各地也是程度不一。在人力成本較高的已開發國家，自動化對效率的影響將更為顯著。另一方面，在新興國家，落實自動化以取代人力的成本依然缺乏正當性。這些差異導致數位落差更難弭平。

2. 對未知的信任和恐懼

數位化變得愈來愈複雜，不僅僅是透過行動設備和社群媒體縮短人與人之間的距離，更滲透到日常生活的各個方面，舉凡商務、行動、教育與醫療。這種複雜數位化的基礎是人工智慧科技，目標不僅要模仿人類，還要超越人類智識。

先進的人工智慧演算法和模型往往超乎人類的理解。人類察覺到自己失去掌控時，就會產生焦慮，進而有防禦的反應。對於需要高度信任的實際應用，例如金融管理、自駕車、醫療等，這個現象會格外明顯。信任問題會是阻礙數位科技應用的重要因素。

3. 隱私與安全問題

AI 得靠人類餵食大量資料，企業從顧客資料庫、歷史交易、社群媒體和其他來源收集資料。有了這些資料，人工智慧引擎就會創造顧客剖析模型與預測演算法，讓企業深入了解顧客過去和未來的行為。部分顧客認為這項能力是客製化和個人化的工具，但部分顧客則認為這是為了商業利益而侵犯隱私。

數位科技也對國家安全構成了威脅。戰鬥無人機等自主武器系統更難防禦。人類生活的各個層面都已數位化時，國家更容易受到網路攻擊。假如物聯網遭到攻擊，整個國家的數位基礎設施可能因此癱瘓。企業與國家必須克服這些隱私和安全問題，剷除這項阻礙科技採用的絆腳石。

4. 同溫層與後真相時代

在數位時代，搜尋引擎和社群媒體都已超越傳統媒體，成為主要的資訊來源，而且有形塑認知與構築觀點的力量。然而，這些工具本質上有個問題：運用演算法提供使用者客製化的資訊。個人化搜尋結果與社群媒體動態最終會強化既有的信念，造成兩極化與極端的觀點。

更令人擔憂的是後真相世界的崛起，身處其中更難區分事實與謊言。假消息無處不在，從惡搞欺騙到深度造假都有。只要有人工智慧的力量，更加容易製造看似真實的假影音。我們得管控這類科技帶來預料之外的後果，才能消除數位落差。

5. 數位生活方式與行為副作用

行動應用、社群媒體和遊戲不斷提供刺激與參與感，讓人長時間緊盯螢幕。這種科技成癮可能導致許多人缺乏人際互動、身體活動與適當睡眠習慣，到頭來影響他們整體的健康。久而久之，太常盯著螢幕也會縮短注意力，造成難以專注於有產值的工作。

數位科技也使日常活動更加方便與輕鬆，包括採買的東西送到自家門口、運用 Google Maps 導航街道等。這讓人產生了惰性與和自滿。我們在制定決策時，忽略了自身判斷力，反而依賴人工智慧演算法的建議。我們把麻煩事交給機器代勞、愈來愈少介入，造成了所謂的自動化偏差。在數位化日漸普及時，如何克服這些行為上的副作用便是一大挑戰。

數位化的契機

儘管數位化伴隨著風險，卻為社會帶來了龐大的契機。我們以下列舉了數位化創造價值的五個情景。

1. 數位經濟與財富創造

首先，數位化促成數位經濟崛起、創造大量財富。數位化也使企業能夠建立平台與生態系，處理大規模交易，跳脫地域和產業的限制。數位化科技不僅賦予企業創新顧客體驗的能力，還賦予企業創新商業模式的能力，幫助企業滿足顧客日益增加的期待、提高支付意願、最終促進更優異的價值創造。

與傳統模式不同的是，數位商業模式需要的資產較少、上市時間更快，並且極具規模化潛力。因此，這讓企業能在短時間內實現高速成長。顧客體驗過程經過數位化後，錯誤與成本雙雙減少，也會帶來更出色的生產力與盈利能力。

2. 大數據與終身學習

數位平台和相關生態系改變了我們的經營方式。它們把不同的對象，企業、顧客與其他利益關係者，無縫連接起來，進行毫無限制的溝通與交易。這些平台與生態系橫跨許多產業，沒有累積實體資產，而是蒐集了大量原始數據，成為人工智慧引擎建立廣泛知識庫的基礎。

數位化知識庫將進一步加速心「大規模開放線上課程」（MOOCs）的發展，並透過 AI 培訓計畫和教學助理來強化，這將賦予一般人終身學習的能力，才不會在 AI 時代落伍。

3. 智慧生活與擴增實境

數位化可以實現我們只在烏托邦電影中看到的事物。

在完全數位化的世界中，我們將生活在智慧住宅中，一舉一動都是自動化或聲控。機器人助手會幫忙做家事、冰箱可以自助點菜、無人機運送採購產品。凡是我們有任何需要，只要進行 3D 列印即可。自駕電動車則在車庫隨時待命，載我們去任何地方。

此時，我們將不再只能用手機連接到數位世界，介面將拓展到穿戴設備，甚至植入式的迷你裝置，打造擴增實境的生活。舉例來說，伊隆．馬斯克的神經科技公司 Neuralink 就在開發電腦晶片植入物，以建構「腦機介面」，讓人類能夠用心智控制電腦。

4. 改善健康與延長壽命

在身體健康方面，先進生物科技旨在延長人類的壽命。人工智慧使用醫療產業的大數據，將能促成新藥發明、落實精準醫療為個別患者量身打造個人化的診斷和療程。基因體學將提供基因工程能力，藉此預防、治療遺傳疾病。神經科技有朝一日能把晶片植入大腦來治病。運用穿戴設備或植入式裝置持續追蹤健康，就能落實預防醫學。

此外，食品科技也有類似的進步。生物科技結合人工智慧，可望把糧食生產與分配最佳化，避免飢餓與營養不良的問題。我們還看到專攻高齡科技的新創企業崛起，針對高齡化人口提供產品和服務，希望延年益壽、提升生活品質。

5. 永續與包容的社會

數位化在確保環境永續上也會發揮重要的作用。電動車的共享將是一大推手。家家戶戶以點對點（peer-to-peer）的方式進行太陽能交易，讓鄰居分享多餘的電力，此舉也將有助節能。

在製造業方面，人工智慧將有助於減少從設計、挑選材料到生產過程的浪費。透過人工智慧，我們將建立一個循環經濟：重複使用、回收利用材料的封閉循環系統。

一旦弭平數位落差、落實全球人口都能上網後，我們就會營造一個真正包容的社會，提供平等機會與相關知識給低收入族群，幫助他們進入市場。這勢必將改善他們的生活，有助終結貧窮。

數位化觀點兩極化可謂全新的數位落差。想要結束這場論戰，我們就需要深入研究科技中的人性層面，並利用科技來發揮人性良善的一面。

科技可以個人化

在行銷5.0時代，顧客希望企業能夠了解他們、提供個人化的體驗。雖然這對於只有少數顧客的企業來說行得通，但要同時顧及規模與持久卻很困難。當務之急，便是使用科技來模擬特定的顧客檔案、量身打造產品與服務、提供客製化內容、落實個人化的體驗。

人工智慧透過以下三種方式，凸顯與顧客互動的每個接觸點。首先，人工智慧可以把目標界定得更精準：在對的時刻向對的顧客提供對的產品。其次，人工智慧確保了更佳的產品契合度。企業可以提供個人化的產品，甚至讓顧客客製化產品。最後，人工智慧提升了參與度。企業可以提供量身打造的內容，與顧客進行更密切的互動。

使用人工智慧進行個人化，可以提高顧客的滿意度和忠誠度，進而提高顧客對資料共享的接受度。如果個人化的實際優點勝過侵犯隱私的缺點，顧客就會更願意分享個人資料。關鍵在於正視注意力具選擇性，並讓顧客感到自己的主導權。如果個人化能簡化決策，同時讓顧客掌握部分控制權，顧客就會更易接受個人化的選項。

接納選擇性的注意力

貝瑞·史瓦茲（Barry Schwartz）在《選擇的弔詭》（*The Paradox of Choice*）中提出與主流看法相反的論點：消除選擇可以減少決策焦慮、提升幸福感。實際上，人類生來注意力就有選擇性。我們傾向於把注意力引導與自己密切相關的刺激上，而過濾掉無關緊要的刺激。這使我們能夠用有限的注意力過濾和處理資訊，並將注意力集中在重要的事物上。

太多的產品選項、商業資訊和管道分散了我們的注意力，導致我們無法單純制定購買決策。我們開始期待，複雜的決策絕對不關自己的事，公司有責任簡化選項，提出最佳推薦。人工智慧科技理應取代我們腦袋中選擇性注意力的過濾機制，在資訊過剩的時代，進行決策就顯得較容易上手。

企業有了數百萬的顧客檔案和評論，應該能夠針對顧客需求，找到相應的解決方案。就以民生消費商品來說，人工智慧演算法應該能夠建議準確的產品類別，並決定從哪個經銷中心配送。在保險產業，人工智慧模型可能讓企業能根據保戶過去的行為，設定最佳的保險方案和定價。

賦予個人主導權

人類本性就會對自我和環境展現控制慾。掌握主導權，對自身決定和結果完全負責，已證明可以提高幸福感。因此，企業應該證明，科技可以幫助顧客拿回購買決策的主導權。

限制顧客的選擇並不代表只提供單一選項。除了企業落實自動個人化，顧客仍應該能要求客製化。每個顧客都希望在產品與接觸點的選擇上，可以有不同程度的主導權。科技可以讓企業預測顧客對於主導權的渴望，並在個人化和客製化之間拿捏適當的平衡。

無論是產品選擇或整個顧客體驗，都應該是企業與顧客之間的共創過程。每個顧客與相同的產品或服務互動時，都會希望有獨一無二的體驗。讓產品和接觸點區隔與模組化，顧客就可以挑選自己想要的體驗要素。這本質上就是體驗的共同創造，到頭來又會提升顧客感受到的主導權。

科技可以社群化

社群媒體改變了顧客對企業的態度與期望。大多數顧客認為他們的社群網絡不只有廣告與專家意見。現今，購買決策的推力不僅是個人偏好，還包括從眾的渴望。社群媒體也提高了民眾的期望，顧客需要能接洽社群客服，並要求即時的回應。人類是社會的動物，但社群媒體進一步強化了凝聚社群的傾向。

在行銷 5.0 中，企業需要對此做出回應，採用社群科技面對客戶、進行後端處理。當紅的第一線應用是社群客服，提供顧客互動另一種溝通管道。在內部使用方面，企業可能會採用社群工具來促進員工溝通，實現知識共享、促進合作。

科技能夠實現並促進社群聯繫時，就會變得更加理想。創立社群媒體管道是一個開始，但不應該僅止於此。人工智慧讓企業得以深入研究、理解這些社群連結資料。這類深度學習發現了深刻的見解，明白如何在社群網絡中製作正確資訊、影響民眾行為。

促進人際連結

身為人類，我們生來就很脆弱，依賴父母和照顧者來滿足自己的基本需求。在童年時期，我們逐漸學會了與周圍的人進行交流和互動，當作汲取智識和情感的主要方法。在互動過程中，我們會交換想法和故事，向對方傳達自己的意見與情感。這就是為何人類大腦在早期就具備了社會化的特性。

我們身為社會一份子的天性，說明了社群媒體這項科技應用為何成功。我們喜歡傾聽別人的親身經驗，同時也分享自己的經驗。社群媒體是一種視覺線索的交流，創造了不同平台來滿足我們在面對面交談之外的社交需求。

科技其他商業應用也該利用人類對社會連結的渴望，科技可以促進經驗和資訊的分享，像是透過部落格、論壇和維基百科等等。對話的範圍應該擴大，不僅是企業與顧客之間的對話，也包括顧客之間的對話。群眾外包模式正是科技如何聚集具有不同能力的人、進而彼此合作的一個例子。此外，科技驅動的社群商務促進了數位市場中買賣雙方的交易。

刺激對理想的追求

身為社會一份子，我們觀察別人的人生故事，並在其中找到共鳴。社群網絡的朋友成為我們的判準。我們設法模仿他人的行為與生活方式，尤其是看起來更光鮮亮麗的生活，這背後是錯失焦慮（fear of missing out, FOMO）在作祟。現今，個人的期望取決於社會環境，不斷地影響和刺激我們實現更遠大的目標。

科技應該要挖掘這類蘊含在社群網絡中，對於理想抱負的暗中追求。由人工智慧驅動的內容行銷、遊戲化和社群媒體，可能會助長人類天生對同儕認可和社會地位的渴望。人工智慧不應該高高在上地向顧客提出建議和推薦，反而應該藉助現有的楷模，朋友、家人和社群，巧妙地發揮影響力，畢竟顧客更願意聽從這些人所說的話。

然而，在利用社會影響力時，企業不應該只銷售產品和服務。科技可能會成為強大的行為修正工具、催生數位行動，最終落實社會變革。藉由社群網絡鼓勵民眾追求更負責任的生活方式，可能會成為科技對人類的重大貢獻。

科技可以體驗化

顧客對企業的評價不僅基於產品與服務的品質，還會對整體的顧客旅程進行評價，這包括了所有通路的一切接觸點。因此，創新不僅要關注產品，更要關注整體體驗。除了建立產品差異化，企業還應該加強溝通，加強通路能見度與改善顧客服務。

數位化的興起推動了對全方位通位體驗的需求。顧客不斷地從一個通路轉移到另一個通路，可能是線上到線下，或線下到線上，並期望獲得無縫接軌的體驗，而不會出現明顯的不同步。企業必須提供高科技與高感動（high touch）的整合型互動。

在行銷 5.0 中，人工智慧和區塊鏈等後端技術扮演重要的角色，推動上述的無縫整合。另一方面，感測器、機器人、語音指令、擴增實境和虛擬實境等前端技術可能會強化整個顧客旅程中的面對面接觸點。

增強高感動互動

機器的弱點之一就是無法複製人的感性。目前已有開發中的機器人技術和內建感測器的人造皮膚，以因應對這項難關。但這不僅僅是重現真實的感覺，還需要從簡單的接觸中解讀出各種複雜的情感。

人類僅僅透過觸覺就能解讀出對方的情緒。馬修・赫坦斯登（Matthew Hertenstein）的研究顯示，我們能夠藉由觸覺向他人傳達八種不同的情緒，而且準確率高達 78%：憤怒、恐懼、厭惡、悲傷、同情、感恩、愛與幸福。想要把這些主觀情緒教給只依靠邏輯、一致性與可量化模式的機器，著實困難。

因此，在提供產品和服務時，可能仍然得在高科技和高感動互動間取得平衡。然而，科技可以在落實高感動方面發揮重要作用。低價值的文書工作應該由機器接手，好讓第一線員工專注花更多時間於面對顧客的活動上。面對面接觸點的效能也可用人工智慧輔助的顧客檔案來改善，提供指引予第一線員工，以調整溝通方式、提供正確的解決方案。

提供持續的參與感

人類的幸福感往往維持穩定的水準。出現激動人心的正向經驗時，幸福感可能會暫時提升，但最終會回到基準。同樣，出現令人沮喪和負面的經驗時，幸福感可能會下降，但會反彈到原來的水準。在心理學上，這稱作享樂跑步機（hedonic treadmill），這個詞是由菲利普·布里克曼（Philip Brickman）和唐納·坎貝爾（Donald Campbell）所發明，即對於生活體驗的滿意度總是趨向某個基準。

這就是為何身為顧客，我們很容易感到膩煩，永遠不會真正滿意。我們希望在整個顧客旅程有參與感。而企業必須不時地微調、更新他們的顧客體驗，以免我們投入競爭對手的懷抱。

想要不斷創造新穎的顧客體驗是難度很高的工程。但隨著數位化的發展，企業可以加快顧客體驗創新的上市時間。企業在數位化領域更容易進行快速實驗、概念測試和原型設計。

然而，數位顧客體驗創新已遠離單純地改變使用者介面設計。從聊天機器人、虛擬現實到語音控制，新興技術正在轉變企業與顧客的溝通方式。人工智慧、物聯網和區塊鏈等技術也在提高後端效率，從而落實更快的顧客體驗。

總結：讓科技成為注重個人、社群與體驗的工具

數位落差依然存在，而至少還需要十年時間才能實現網路的普遍普及。不過，光是上網並不能消弭數位落差，若想要成為完全數位化的社會，我們需要把科技應用於生活的各個層面，不僅僅是線上通訊和社群媒體而已。儘管數位化帶來了恐懼和焦慮，對於人類的好處其實顯而易見。

在行銷 5.0 中，企業需要向顧客證明，正確運用科技可以提高人類的幸福感。科技可以以個人化的方式解決他們的問題，同時還可以視需求進行客製化。顧客必須要能相信，數位化不會扼殺社群的關係，反而是提供了一個平台，協助顧客與自己的社群建立更密切的連結。人機二元對立的局面必須結束。為了實現卓越的顧客體驗，高科技和高感動的互動必定得整合，參見圖 4.2。

▌圖 4.2　科技羅盤：致力成為注重個人、社群與體驗的工具

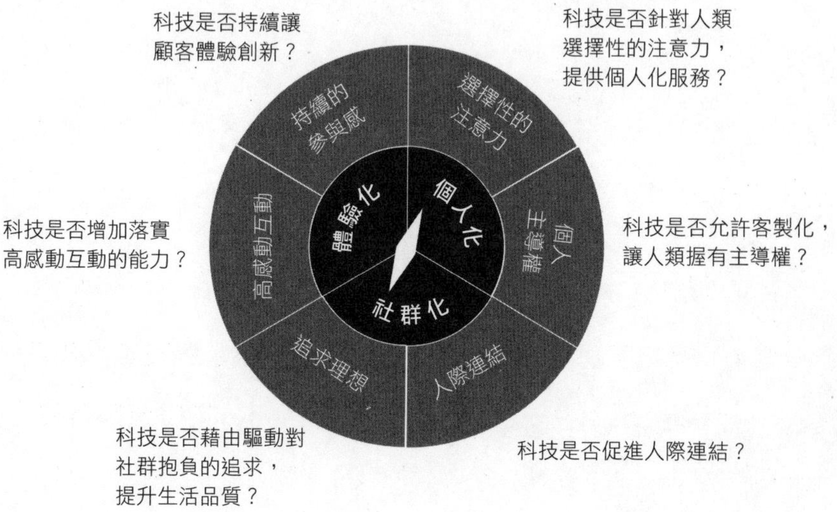
科技是否持續讓
顧客體驗創新？
科技是否針對人類
選擇性的注意力，
提供個人化服務？
持續的
參與感
選擇性的
注意力
體驗化
個人化
個人
主導權
社群化
高感動互動
追求理想
人際連結
科技是否增加落實
高感動互動的能力？
科技是否允許客製化，
讓人類握有主導權？
科技是否藉由驅動對
社群抱負的追求，
提升生活品質？
科技是否促進人際連結？

行銷人的課題

- 你個人對科技的看法是什麼？思考科技能如何強化或破壞你的組織。
- 評估目前在組織中落實的技術能否提供顧客個人化、社群化和體驗化的解決方案。

Part 3

科技帶動行銷的全新策略

第5章　COVID-19 下的行銷策略

第6章　即至科技

第7章　全新顧客體驗

第 5 章

COVID-19 下的行銷策略

組織的數位能力評估

1950年代，一群科學家在日本的幸島對猴子進行實驗。科學家定時把蕃薯丟在沙灘上給猴子吃。有一天，一隻名叫地瓜（日文：芋，いも）的小母猴得知，如果她先把蕃薯洗乾淨，味道會更好。地瓜開始教自己的好朋友和家族中長輩養成全新的衛生飲食習慣。這種改變開始時緩慢，但最後大多數猴子都仿效時，其餘的猴子也開始接納這種吃蕃薯的新方法。這個現象稱作「百猴效應」，指的是行為改變發生所需的臨界量。

同理可證，在數位化的轉型方面，年輕世代是引領潮流的族群。Y 和 Z 世代加起來就是史上最大的消費市場。

企業正在根據這些世代的喜好調整行銷策略。這兩個世代也是最大的就業人口，並從企業內部影響著企業文化。因此，他們對於數位技術打進主流市場有著龐大的影響。然而，想要讓數位化生活方式成為新常態，就必須是大規模的改變，並且均勻分布於各個世代和社會經濟地位。

數位化進程在全球各地發生得相當迅速。一方面，每個人似乎都在擁抱數位生活方式，無法想像沒有數位化的生活。然而，慣性仍然存在。許多顧客仍然習慣於傳統上購買、享受產品與服務的方式。同樣地，企業在數位化轉型，也就是行銷 5.0 的先決條件，一直緩如牛步。然而，COVID-19 全球大流行改變了這一切，讓大家對數位化的必要有了全新的認識。

COVID-19 是數位化加速器

由於 COVID-19 的爆發，全球企業都受到了衝擊。大多數企業都措手不及，因為從來沒有遇過這種全球流行病。每家企業似乎都因為營收下降與現金流問題而咬牙苦撐，同時還要管理受到疫情衝擊的員工。企業可能會發現自己面臨兩難的困境，無法訂定正確的緊急計畫來渡過難關，甚至東山再起。

疫情以及伴隨而來的保持社交距離，迫使企業必須加緊落實數位化的腳步。在全球封城和行動受限的期間，顧客日常活動愈來愈仰賴線上平台。我們認為，這不僅改變了疫情期間的行為，更對疫情結束後的行為影響深遠。

由於顧客被迫在家中待上數個月，因此確實已習慣了新的數位生活方式。他們依靠電商和餐飲外送應用程式來購買日用品。數位銀行與無現金支付的數量大幅上升；他們也透過 Zoom 和 Google Meet 等視訊會議平台進行線上會面；孩子在家中透過線上平台學習，父母則在家工作；為了消磨時間，一般大眾更常使用 YouTube 和 Netflix 來觀賞串流影片；而有鑑於身體健康變得重要，健身教練或醫生也得進行遠距指導，參見圖 5.1。

企業再也回不去了。以往重度依賴實體互動的產業被迫重新思考策略：餐飲業透過增加外送來彌補內用營收的損失，設法因應這場疫情；部分餐廳改用雲端或幽靈廚房（ghost kitchen），只提供外賣訂單；觀光業改用機器清潔工針對客房和列車進行消毒，班加羅爾（Bangalore）機場

圖 5.1　COVID-19 疫情下的數位化

就推出了「停車到登機」一條龍的零接觸（contactless）體驗。

由於大眾運輸乘客人數銳減，因此有些交通當局推出了微運輸服務。隨選巴士與接駁車讓乘客透過手機應用程式叫車。乘客不僅可以追蹤巴士的位置，還可以追蹤當前的運量。這對於確保實體工具、落實疫調十分管用。汽車製造商和經銷商對線上銷售平台投入大量資金，以服務日益成長的數位互動需求。最重要的是，不同產業的每個品牌都大力加強化數位內容行銷遊戲，設法透過社群媒體吸引顧客。

企業的永續與否一旦取決於數位化，就不能再拖拖拉

圖 5.2 COVID-19 對不同顧客族群與產業業者的影響

	衝擊劇烈	衝擊較小
顧客族群	• 年長世代中，數位移民與科技落後族群 • 上網機會有限的低收入族群	• 年輕世代中，數位原生與科技精通族群 • 上網機會充足的富裕族群
產業業者	• 面對顧客為主的企業 • 勞力密集的產業	• 數位營運為主的企業 • 組織精實的產業

拉了。這場危機確實暴露了特定顧客族群和產業業者數位化的準備程度，有些是根本缺乏準備。隨著保持社交距離的規定大幅改變面對面服務的習慣，數位移民與科技落後族群可能會受到最劇烈的衝擊。另一方面，數位原生族群可能在相同情況下就如魚得水。

同理可證，疫情看似對部分產業帶來比較嚴重的困境，但沒有企業能完全不受疫情的影響。需要較直接實際互動又勞力密集的產業，可能會受到比較大的打擊。另一方面，營運高度數位化、組織又精實的產業可能適應較為良好，參見圖 5.2。

數位能力整備評估

數位化準備程度的高低決定了要採取的數位化策略。因此，必須建立診斷工具來評估準備程度。評估本身得考量供給和需求兩個方面。第一步是確定市場（需求方）是否準備好、願意遷移至更多的數位接觸點，第二步是（從供給方）評估企業把業務流程數位化以利用遷移。這兩項因素構成了一個矩陣，呈現企業在數位能力整備象限的落點。

為了說明象限中的四個類別，我們評估了六個產業部門的數位能力整備：高科技、金融服務、雜貨零售、汽車、餐旅和醫療保健。每個產業的落點是基於美國當前的情況，久而久之可能會隨著市場發展而變化。其他市場的顧客可能整備不一。每個產業業者的整備也可能各異，參見圖 5.3。

1.「原點」象限

原點象限（origin quadrant）包括在疫情期間受到最大衝擊的產業。這些產業內的公司不太願意面對這場危機，主要是因為他們的業務流程仍然有重要的實體互動，本質上較難拿掉或取代。同時，他們也不太可能將顧客遷移到

▌圖 5.3　各產業數位能力整備

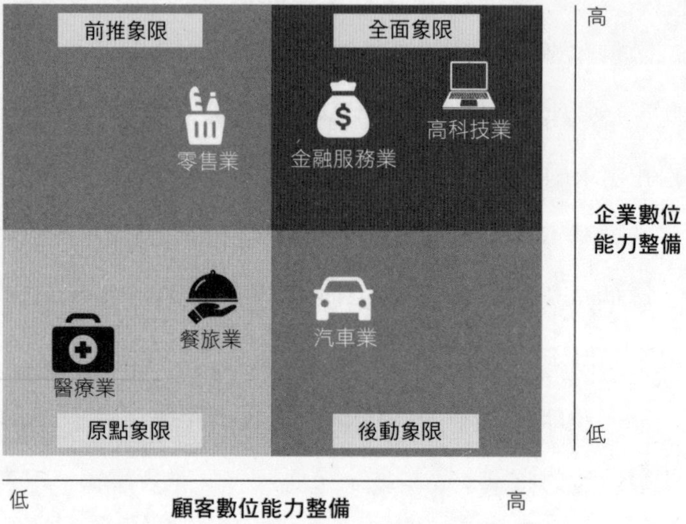

數位接觸點上，主要因為在疫情期間缺乏消費的急迫性。這個象限的例子是飯店業和醫療業，這些產業非常依賴人與人之間的互動。對於這些業者來說，這是雞生蛋、蛋生雞的兩難境地：究竟是要投資數位化，還是要等待顧客接納數位化行為。

餐旅業多年來一直受到數位化的顛覆。旅遊評論網站與線上預訂平台為服務品質和價格帶來了透明度。Airbnb 等線上住宿市場也對大型連鎖飯店產生壓力。不過，數位化主要出現於顧客旅程的前後段，顧客使用數位化工具來計畫、預訂行程，還有評論、推薦目的地，但顧客旅程的中間部分多半是非數位化。

然而，數位化大多停留在表面，還沒有達到產業轉型的程度，而使用的科技形式十分基礎，主要利用網路進行數位廣告、內容行銷和電子通路。少數飯店業者偶爾嘗試使用機器人、物聯網等先進技術，但顧客反應冷淡。

醫療產業的數位化整備有些類似。人工智慧有能力促成醫療服務轉型，而且早期的跡象看來很有希望。儘管潛力龐大，但醫療服務仍然非常傳統，主要是面對面的互動。在 COVID-19 爆發之前，遠距醫療對於醫療從業人員與患者來說都不算是實用的選項。在疫情結束後，這項趨勢是否會持續下去仍是問題。除了監管法規的障礙外，醫療業者也難以提供已完成數位化整備的基礎設施和醫療人員。而支付方是否願意為遠距醫療付費，也是個未知數。

2.「前推」象限

這個象限的產業和公司固然已針對業務流程進行大幅數位化的投資，卻難以遷移顧客。前推象限（onward

quadrant）的產業部門已建立了數位化生態系，也已鼓勵顧客數位化一段時間，但大多數顧客仍受慣性所囿，導致數位化的普及受到限制。

零售業就是一個例子。身為數位原生網站，亞馬遜（Amazon）多年來一直在電商領域獨占鰲頭，甚至收購有機超市全食（Whole Foods）來拓展食品雜貨零售的業務。另一方面，早在疫情爆發之前，實體零售商也已開始數位轉型，以因應來勢洶洶的顛覆浪潮。零售巨擘沃爾瑪（Walmart）推出了電子商務網站「Walmart.com」，並與Shopify 合作，擴大市場業務。這些舉措讓兩大零售商針對全方位通路體驗正面交鋒。

輔助的基礎設施也在成長，電子商務得以拓展。雖然部分大型零售商建立了自己的物流，但 DHL 這類企業卻投資了電商物流網絡。社群媒體也透過提供社群銷售平台，進軍線上購物平台。舉例來說，目標百貨就是率先以 Instagram 銷售產品的大型零售商。

儘管生態系高度成熟，但美國人口普查局（Census Bureau）報告指出，在 2020 年第一季，電商對零售交易總額的貢獻率僅接近 12%。皮尤研究中心也顯示，雖然 80%

的美國人在網上購物，大多數人仍然喜歡去實體店家。但這波疫情可能會創造新常態，即大部分購物者會遷移到更加數位化的顧客旅程。業者需要密切關注這項趨勢，觀察疫情是否足以成為線上零售的催化劑。

3.「後動」象限

後動象限（organic quadrant）所適用的產業，往往提供有高度實體接觸點的產品和服務。大多數情況下，這些產業也是勞力密集產業，因此難以遠距管理員工。另一方面，大多數顧客已準備好遷移到數位平台。他們會成為主要的推力，迫使企業採用數位技術。

汽車業是這個象限中的產業之一。大多數購車族都是線上研究、線下購買（webrooming）。換句話說，他們在網路上做足功課、再到實體車商購買。Google ／ comScore 的市場研究顯示，95%的購車族把數位科技當作主要的資訊來源，但超過 95%的交易仍然在經銷商進行。

不過，疫情加速了線上購車的普及。Carvana 和 Vroom 等線上購車平台都指出，由於買家更喜歡零接觸互動，因此線上購車數量爆增。與飯店和醫療業不同的是，一旦潛在買家進行了大量研究，購車過程中面對面的接觸不再必要，原本價值也較低。

此外，隨著電動車（EV）、自駕車（AV）、車對車（V2V）等車聯網趨勢的到來，汽車愈發成為高科技產品。隨著汽車使用體驗愈來愈高科技化，購買是顧客旅程中唯一傳統的主要環節。

然而，汽車製造商和經銷商才剛剛開始建立數位化能力。除了線上購車平台，大多數汽車製造商和經銷商的線上曝光有限。顧客對汽車業數位化的期望，不僅僅局限於可以線上預約試駕與購車的電子商務平台，還包括其他數位化銷售和行銷工具的採用。舉例來說，透過虛擬現實，潛在買家可以瀏覽汽車選項。更重要的是，人工智慧可以利用同步連線的汽車資料提供更多功能，例如預測車輛是否需要保養，以及預防性的安全監測。

4.「全面」象限

全面象限（omni quadrant）是企業最終想抵達的地方。其他象限的企業應該努力遷移客戶、建立自身能力，成為全方位公司。全面象限包括在 COVID-19 疫情中受到打擊較輕的產業，例如高科技和金融服務產業。科技企業自然是對於社交隔離政策和居家隔離行為早有充分準備。這些企業的本質就是數位化，目標是顛覆傳統產業，而這次疫情只是給了重要的推力。亞馬遜、微軟、Netflix、Zoom 和 Salesforce 等公司都有高速成長。

顧客盡量避免前往銀行時，數位金融服務也就跟著增加，無現金支付已成為常態。然而，早在疫情爆發之前，銀行就已透過各種誘因將顧客遷移到數位通路，如今所有大銀行都提供網路與手機銀行服務。

在銀行儲匯業務中，顧客對通路的選擇完全是基於便利性。選擇前往銀行分行的顧客，並非要在實體場域那樣尋找面對面接觸的體驗，而是因為直接前往分行更加方便。因此，如果數位銀行能夠為廣大顧客重現便利性，電子通路絕對會成為顧客的首選。

但金融業內的數位化遠遠不僅於此。金融服務一直在設法利用聊天機器人，以減少客服中心的工作量，並且利用區塊鏈提升交易安全、人工智慧來檢測詐欺行為。這已成為除了高科技和媒體業務之外，數位化程度數一數二高的產業。

面對數位化浪潮，你準備好了嗎？

上述四個象限概述了特定產業的數位能力整備。但即使在同一個產業，每家公司可能有不同的整備程度，因此落在跟同行不一樣的象限中。有鑑於此，每家公司可以評估自身數位化能力，以及顧客遷移到數位通路的意願。在以下自評量表中，符合最多標準的企業，就代表已做好數位化的整備，參見圖 5.4。

把顧客遷移到數位通路的策略

位於原點象限和前推象限的企業，首先需要把顧客遷移到數位通路。他們的顧客仍然認為實體互動有其價值，因此數位化的動力很低。遷移策略應該著眼於提供數位通路的激勵措施，同時透過線上顧客體驗提供更高價值。

1. 提供數位化誘因

為了促進數位互動，企業必須展現上網的好處。他們也許能提供正面與負面的誘因來鼓勵數位化遷移。正面誘

圖 5.4 數位能力整備自評量表

企業數位能力整備

數位顧客體驗	
1	企業可以在顧客顧客旅程中，進行大幅度的數位化互動。
2	一切數位接觸點都可以整合，形成無縫又零阻力的顧客體驗。
3	企業可以透過數位商業模式來創造價值、增加營收。
數位基礎建設	
1	具有相關科技來即時擷取、儲存、管理、分析大量顧客資料。
2	企業流程均數位化與重建，以迎合全新的數位商業模式。
3	運用物聯網推動實體資產數位化，包括建築、機器與設備。
數位組織	
1	大部分員工都能使用數位工具來遠距工作、彼此線上虛擬合作。
2	打造數位人才，例如數據科學家、使用者體驗（UX）設計師和資訊科技（IT）架構師。
3	具有深厚數位文化，讓企業經理與數位人才理念一致。

顧客數位能力整備

數位客群	
1	客群多半是數位知識豐富的 Y 世代和 Z 世代。
2	大部分顧客已在數位平台上與企業互動和交易。
3	顧客在消費或使用產品和服務時，需要與數位介面互動。
數位顧客旅程	
1	顧客旅程已全部或部分上線（線下或線上做功課後再埋單）。
2	顧客認為令人失望的實體接觸點，可由數位科技來取代。
3	網路上有大量資訊，供顧客自行比較，再做出知情充分的決策。
顧客數位化傾向	
1	顧客認為與企業實體互動不必要、無關痛癢又沒價值。
2	產品和服務已較不複雜，因為風險與信任問題有限。
3	大部分顧客有更多的數位化誘因：選擇多元、價格漂亮、品質較高、便利性高。

因可能包括採取立即享受的形式，例如現金回饋、折扣和數位平台上的消費者促銷活動。負面誘因可能是在互動過程中，針對選擇線下方式收取額外費用，或者在極端情況下，企業可能會讓線下模式完全無法使用。

除了現金誘因，企業還可以向顧客宣傳數位化功能，以及改善業務效率的方式。

2. 因應數位化所伴隨的挫敗點

企業需要在整個顧客旅程中找出顧客的挫敗點，並透過數位化來解決這些問題。實體互動有本質上的缺點，其中最顯著的是效率低下。挫敗感的一大原因是線下接觸點的漫長等待時間或排隊。複雜的流程也常常導致顧客一頭霧水、浪費時間。對於希望解決方案快速又簡單的顧客來說，數位化可以取代部分流程。

此外，人與人之間的互動具有很高的服務失敗風險。員工不稱職、問題回覆不統一、接待不周等都是導致客訴的主要原因。第一線的問題愈發明顯時，特別是企業擴大規模之際，提供替代的數位通路也許能促進行為改變。

3. 透過數位化重現顧客期盼的實體互動

人與人之間的互動創造了價值、仍然符合期待時，企業就可以利用數位化的通信。顧客可以透過視訊平台洽詢第一線員工，員工可以在任何地方工作，例如金融服務的視訊金融和遠距醫療的虛擬諮詢。這項方法既節省了成本，又保留了面對面接觸的優點。

更先進的方法是使用聊天機器人取代第一線員工，進行基本查詢與諮詢。如今，具有語音科技的虛擬助手能夠回答簡單問題並執行命令，儘管有些限制，但自然語言處理技術可以讓對話聽起來自然。

打造數位能力的策略

位於原點象限和後動象限的企業所面臨的挑戰，則是建立可以滿足數位顧客需求的能力。這些企業需要投資數位基礎設施，包括硬體、軟體和 IT 系統，鋪好數位顧客體驗的基礎。最後，他們必須建立組織能力，其中包括數位專業知識、能力與敏捷的文化。

1. 投資於數位基礎設施

企業數位化投資的第一步，得是建立顧客資料基礎設施。數位化引進了許多全新戰術，例如一對一的個人化與預測行銷。但這些戰術的基礎是對於顧客具有快速和動態的了解。因此，企業需要技術來即時管理和分析大數據。

企業還必須改造其業務流程。數位化不僅僅是指當前營運自動化，企業往往必須重新設計整個業務流程，以適應新的數位化現實。此外，身為數位移民的企業已累積了需要數位化的實體資產，藉由物聯網將這些資產數位連接，資產價值就可以上升。企業可以利用智慧建築或車隊，提供真正的全方位通路體驗。

2. 開發數位化顧客體驗

在後疫情時代，成功打造數位化顧客體驗的企業將蓬勃發展。數位化不應該停留在基本的顧客參與，而必須是全方位的客戶接觸點，一路從行銷、銷售、經銷、交貨到客服。這些數位接觸點都必須協調成同步的顧客體驗。

但最重要的是，他們需要重新思考創造價值的方式。

換句話說，他們要如何從顧客體驗創造收入。數位化業務具有完全不同的經濟架構。企業必須考慮新興的商業模式，例如「一切皆服務」（everything as a service）訂閱、電子市場或隨選模式。

3. 建立強大的數位組織

數位轉型成功的最關鍵因素，也許是組織本身。員工必須有數位化工具增能，才能落實遠距工作、跟他人虛擬協作。傳統企業在轉型過程中，這些全新數位工具需要與傳統 IT 系統整合。

為了加速組織內部學習進程，企業需要招聘新的數位人才，例如資料科學家、使用者體驗設計師和 IT 架構師。企業還必須關注文化，而這往往是數位化轉型的主要障礙。他們需要建立一種敏捷的文化，可以快速實驗構想、允許業務經理與數位人才之間保持合作。

加強數位領導力的策略

面對顧客的期望提高，全面象限的企業不能停滯不前。

在其他企業迎頭趕上的情況下，這些企業面臨著提高標準的壓力。數位顧客，也就是 Y 世代和 Z 世代，不再滿足於基本服務。企業必須把先進科技（「即至科技」）融入顧客體驗（「全新顧客體驗」）。

1. 採用即至科技

對於全方位企業來說，社群媒體和電子商務平台的內容行銷一般認為是維繫因素，沒有這些因素就無法競爭。為了加強部署，企業需要採用更先進的科技，但這些科技還不是主流，必須考慮使用人工智慧讓行銷活動更上層樓。一個例子便是使用自然語言處理技術，強化聊天機器人和語音助理的能力。

人工智慧、生物辨識、感測器和物聯網的結合，可以幫助企業提供落實由數位驅動的實體接觸點，既能為每個人提供個人化服務，又能按照確切的互動時刻場景化。擴增實境和虛擬實境的運用，可以為行銷活動和產品探索增添色彩。這類科技可以改變市場遊戲規則，數位領導者有責任成為先鋒（有關即至科技的詳細討論，參見第 6 章）

2. 導入全新顧客體驗

每個顧客都想要體驗零阻力的顧客旅程。在過往，線下轉換到線上、線上轉換到線下非常麻煩，因為接觸點無法連貫、彼此孤立。顧客無法立即獲得辨識，導致每次在不同通路之間轉換時，都必須表明身分。隨著數位化的發展，零阻力的顧客體驗，整體價值大於部分總和，終於可以成為現實。這就是全新的顧客體驗。

企業必須專注在三個不同層面提供全新的顧客體驗：資訊、互動和沉浸。每當顧客戶想找答案、渴望對話或浸淫於感官體驗中，企業都應該做好準備（有關全新顧客體驗的資訊，參見第 7 章）。

3. 鞏固數位優先品牌的地位

數位優先品牌等在解決其他問題之前，先把所有資源放在服務數位顧客的需求上頭。這並不是說要成為一家高科技企業或擁有頂尖 IT 基礎設施，而是要有整體的願景和策略，把數位化當作核心價值。顧客體驗設計應該當作實體世界和數位世界之間的橋梁。建立數位資產是優先事項，

圖 5.5　數位化策略

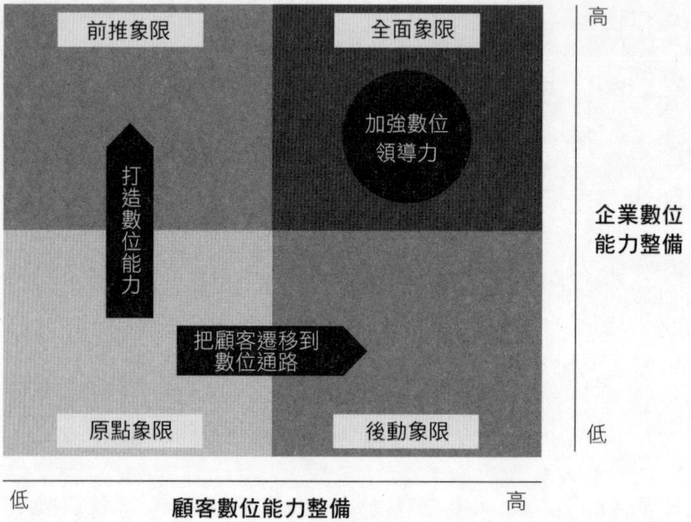

而數位產品是第一要務。最重要的是，組織中每個人和每個流程都已數位整備完成，參見圖 5.5。

新冠肺炎大流行有助顧客區分真正的數位優先品牌與跟風品牌。突如其來的衝擊讓企業措手不及，但數位優先品牌在危機中茁壯成長，不需要付出額外的努力。

總結：評估組織和顧客的數位能力整備

COVID-19 疫情意外地加速了全球的數位化。企業和市場都被迫適應行動受限的情況，因此嚴重依賴數位通路。這已成為企業的警鐘，無法再拖延數位化的腳步。數位原生族群占領全球市場時，數位能力整備完成的企業已對未來的情景有恃無恐。

在數位化方面，並沒有放諸四海皆準的方法。每個產業部分與產業業者都處於不同的數位化階段。第一步是評估自身所爭取的顧客群數位能力整備，其次是評估組織的數位能力整備。根據數位能力整備評估的結果，企業需要擬定、執行不同的策略，其中可能包括顧客遷移與數位化轉型策略。

行銷人的課題

- 評估你的組織與顧客的數位能力整備。你的數位化整備程度如何？
- 思考如何改善組織的數位能力整備，並擬定計畫來推動轉型。

第 6 章

即至科技

人類人技術大躍進

第二次世界大戰期間，德軍廣泛使用「恩尼格碼」（Enigma）密碼機將軍方通訊加密，只要攔截並破解密碼，英國與盟國就能預測德軍的動向。為了避免戰爭傷亡人數增加，一群科學家拼命跟時間賽跑，發明了一台名叫「炸彈」（Bombe）的機器來破解德軍密碼，在多次嘗試「訓練」這台解碼機後，他們終於成功了。其中一位科學家就是艾倫・圖靈（Alan Turing），公認是率先思索人工智慧用途的數學家，其個人目標是創造一台能不斷從經驗中學習的機器，這為未來的機器學習（machine learning）奠定基礎。

正如同早期的人工智慧協助盟軍贏得二戰勝利，科技將賦予企業能力達成以往達不到的目標。即至科技（the next tech）在未來十年會成為主流的技術，將成為行銷 5.0 的基礎。讓企業從過去的限制中解放出來。一切會繁瑣、重複等易造成人為錯誤的的工作可以自動化；遠距技術可以幫助企業克服地理障礙；區塊鏈的使用強化了金融服務等資料敏感產業的安全性。機器人與物聯網的使用減少了高風險環境中對人力資源的需求。

但最重要的是，即至科技可以讓行銷方式更加人性化。擴增實境和虛擬實境，又稱混合實境（mixed reality），讓公司能具象化提供給客戶的產品與服務，例如在房地產產業，感測器和人工智慧使企業能夠把內容進行個人化，例如具有人臉辨識功能的廣告招牌。

即至科技的實現

需要注意的是，即至科技大多都是半個多世紀前就已發明。舉例來說，人工智慧、自然語言處理和可程式化機器技術都是 1950 年代就已出現。人臉辨識的研究最初始於

1960 年代。但為何這些都是近幾年才興起的呢？答案在於當時的輔助科技並不像現今這般強大。電腦的功能同樣沒那麼強大，資料的儲存既占空間又昂貴。即至科技的崛起是源於六項因素的成熟：運算能力、開放原始碼軟體、網際網路、雲端運算、行動裝置和大數據，參見圖 6.1。

運算能力

隨著科技愈來愈先進，我們需要愈發強大又符合成本效益的硬體。運算能力的大幅成長，尤其是高效能的圖形處理器（graphics processing unit, GPU），促成了人工智慧等高耗能科技的問世。半導體技術的進步與處理器的縮小代表運算能力更強、耗能更低，讓人工智慧機器尺寸得以迷你而精確，適用於需要即時回應的應用程式，例如自駕車或機器人。

開放原始碼軟體

強大的硬體需要同樣強大的軟體系統來運作。打造人工智慧軟體通常需要多年的開發。而開放原始碼軟體（open-source software）是加速這個過程的要角。微軟、

▌圖 6.1 即至科技的六項促成因素

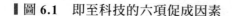

Google、Facebook、亞馬遜和 IBM 等大企業向來開放自家人工智慧研究和演算法的原始碼，展現協力的意願，這促使全球開發者社群能更快速地改進、強化系統。類似的開放原始碼模式也適用於機器人、區塊鏈和物聯網。

網際網路

有史以來最能改變遊戲規則的科技很可能就是網際網路。光纖到府和 5G 無線技術之間的網路整合，滿足了民眾對網路頻寬日益成長的需求。網路不僅連結了數十億人，還連接了不同機器，也是物聯網和區塊鏈等網絡相關技術的基礎。擴增實境、虛擬實境、語音助理等互動技術也非常依賴高速網路，因為它們需要低網路延遲才能順暢地運作。

雲端運算

另外一個重要推手是雲端運算，即共享電腦系統，特別是線上軟體與儲存空間，讓使用者能夠遠距工作。COVID-19 疫情以及隨之而來的遠距工作，導致雲端運算對於企業更加關鍵。使用雲端運算的企業不需要投資昂貴的硬體和軟體來執行複雜的應用程式，例如人工智慧，反而通常會訂閱服務、使用雲端運算供應商的共享基礎設施，如此可以賦予企業一項彈性，能夠隨著需求的成長而擴大訂閱規模。而且由於供應商會定期更新基礎設施，企業毋需擔心跟不上最新科技。人工智慧領域的五大要角也主導著雲端運算市場：亞馬遜、微軟、Google、阿里巴巴和IBM。

行動裝置

分散式運算的趨勢得益於行動裝置的發展。行動運算的發展極為快速，現今高檔智慧型手機的功能與個人電腦一樣強大，成為大多數人運算和上網的主要裝置。裝置可以隨身攜帶，行動起來更加方便，進而提高通勤移動時的生產力。這還可以分散式滿足顧客體驗。如今，智慧型手機的功能已強大到足以支援人臉辨識、語音助理、擴增實境、虛擬實境甚至 3D 列印。

大數據

大數據是最後一塊拼圖。人工智慧科技需要大量各式各樣的資料來訓練機器，並不時地改進演算法，這就靠每天使用網頁瀏覽器、電子郵件、社群媒體和即時通訊應用程式，尤其是行動裝置提供的資料。外部資料以心理特質和行為模式來補充內部資料。網路資料的優點是不同於傳統的市場研查資料，可以線上、即時、大規模地蒐集。此外，資料儲存的成本正在下降，容量增加的速度也愈來愈快，因此更容易管理大量資訊。

這六項相關的技術既普及又平價，足以鼓勵學術界和企業實驗室探索下一個前沿技術，讓以往沉睡的先進科技能夠臻於成熟、獲得大規模採用。

用即至科技重新構想商業本質

人類是獨特的生物，擁有無與倫比的認知能力。我們有能力做出艱難的決定、解決複雜的問題，但最重要的是，我們可以從經驗中學習。我們的大腦發展認知能力的方式是藉由場景學習：汲取知識、按照生活經驗尋找關連、發展自己的世界觀。

人類的學習方式也異常複雜。人類受到來自五官的刺激，使用語言和視覺線索來進行教學與學習。我們透過觸覺、嗅覺和味覺來強化對世界的感知。我們還接受心理動作訓練，例如寫字、走路和執行其他動作的能力。這整套學習是一輩子的過程，因此人類可以根據環境刺激進行交流、感知和行動。

多年來，科學家和技術學家想方設法要用機器複製人類的能力。人工智慧領域的機器學習，就是試圖模仿場景學習的方法。人工智慧引擎並不是設計成自己學習，而是像人類一樣，必須使用演算法訓練它們學習什麼內容。這些引擎從提供脈絡的大數據中尋找關連，最後可以「理解」演算法，並完全了解資料背後的意義。

感測器透過模仿人類的感官，發揮輔助學習的效果。舉例來說，人臉和影像辨識可以幫助機器按照人類使用的視覺學習模型來區分物體。此外，電腦的認知能力還能模仿人際溝通（運用自然語言處理）、進行身體活動（運用機器人）。雖然機器還無法達到人類般高水準的意識與技藝，耐力更好也更加可靠，可以在短時間內學習大量的知識。

然而，人類的獨特性並不僅止於此。人類可以理解抽象的概念，例如倫理、文化、愛情等缺乏實體形態的概念。這類超越推理的想像能力，讓人類更具創造力。而這有時會讓人類偏離理性或合理的常軌。此外，人類是高度社會化的生物，我們本能上就喜歡成群活動、與他人建立關係。

目前，機器也正在接受訓練，以擁有這些人類能力。

舉例來說，擴增實境和虛擬實境設法疊加兩種不同的現實，線上和線下，來模仿人類的想像力。我們努力藉由發展物聯網和區塊鏈，構思機器之間如何才能展開「社交」。

我們把以下的先進技術稱作即至科技：人工智慧、自然語言處理、感測科技、機器人技術、混合實境、物聯網和區塊鏈。這些科技複製人類能力後，就會成為下一代行銷的力量，參見圖 6.2。

人工智慧

人工智慧可能是近代最流行卻又鮮少人理解的科技。如果我們把它當成是科幻電影中媲美人類的智慧時，就顯得令人恐懼。這類人工智慧稱作通用人工智慧（AGI），即具備不亞於人類的意識，但至少還需要二十年的發展。

不過人工智慧並不需要如此複雜。人工智慧的狹義應用十分普遍，已廣泛用於多個產業的日常工作自動化。金融服務企業已藉此來把檢測詐欺和信用評等自動化；甚至你在搜尋列上輸入內容時，Google 就已在運用人工智慧提供搜尋建議；亞馬遜一直都是運用人工智慧推薦書籍；優步則藉此設定浮動車資。

圖 6.2　仿生學：科技模仿人類的六大面向

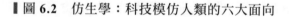

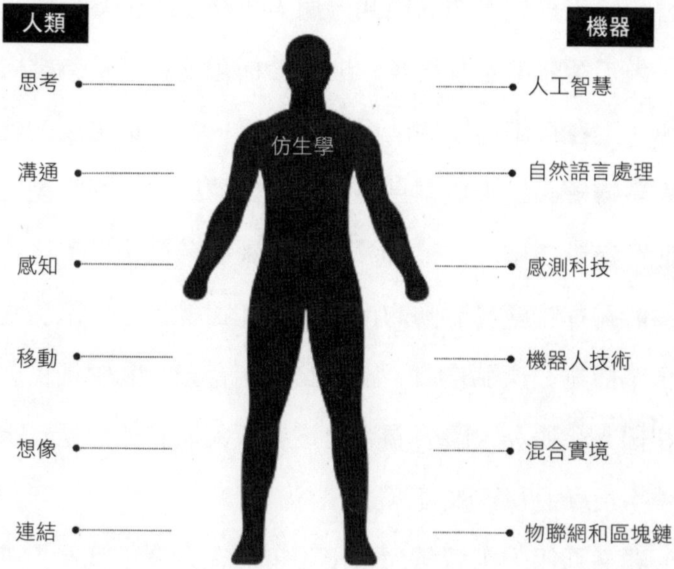

狹義來說，人工智慧使用電腦演算法來執行以往需要人類智慧的特定工作。電腦的學習分成監督式和無監督式。在監督式學習中，人類程式設計師以「input-output」或「if-then」的格式建構演算法。這個在早期稱作專家系統（expert system），主要用於客服聊天機器人。與簡單的聊天機器人互動時，顧客只能從設定好的列表中提出問題。具有標準化重複流程的企業，便可以利用專家系統來實現自動化。

在無監督式的人工智慧中，電腦瀏覽過去的歷史資料，學習和發現以往未知的模式，而人類幾乎不會參與此一過程。人工智慧經過分析後，把非結構化資料轉化為結構化資訊。這在行銷領域的應用不勝枚舉，其中最重要的就是從大數據解讀、汲取洞見。從社群媒體貼文、交易歷史和其他行為數據中，人工智慧可以將顧客分成不同群組，讓企業能夠進行資料驅動的市場區隔和目標界定。這項基礎使企業能夠在產品推薦、定價和內容行銷活動中提供客製化和個人化服務。隨著顧客對這些產品服務給予意見，電腦會不斷學習和修改演算法。

雖然通用人工智慧尚未出現，但在企業中整合人工智慧不無可能。以螞蟻金融服務集團公司（Ant Financial）為例，既是線上支付支付寶（Alipay）的母公司，也是阿里巴巴的子公司，利用人工智慧和其他支援技術，把所有核心業務流程自動化，包括付款安全、理財諮詢、貸款審核、保險理賠、顧客服務和風險管理。舉例來說，螞蟻金服利用影像辨識和機器學習重新打造汽車保險。顧客可以透過智慧型手機照片申請車險理賠，人工智慧引擎接著會分析圖片來並確定申請是否核准。

人工智慧只是自動化的大腦，還需要與其他科技合作，例如機器人技術、人臉辨識、語音技術和感測器，以提供新世代的顧客體驗。以往，人工智慧是運算研究實驗室的領域，如今人工智慧已深植顧客的日常生活中。人工智慧將創造價值，但必須謹慎管理。源自人類喜好和歷史決策的偏見，很可能會滲入人工智慧的演算法，假如沒有以多元包容的本質來發展，人工智慧恐怕會導致貧富差距擴大。

自然語言處理

自然語言處理領域同樣有振奮人心的發展。自然語言處理是指教機器複製人類的交流方式，涵蓋書面語和口語。自然語言處理是人工智慧發展的關鍵面向，尤其是對於需要語言輸入的人工智慧，譬如語音助理。這也是十分具有挑戰性的創舉，因為人類語言在自然情況下通常模糊、複雜又有許多層次，需要大量的真實對話腳本和影片記錄來教會機器細微的語用差異。

自然語言處理最廣泛的應用是聊天機器人。聊天機器人不僅用於客服，也應用於銷售，減少對進線客服中心和外撥電話行銷等成本較高的管道需求，尤其是在服務低層級客戶更為顯著。Lyft、絲芙蘭和星巴克等企業已在使用聊天機器人進行接單和顧客互動。而在企業對企業（B2B）領域，HubSpot 和 RapidMiner 等公司使用聊天機器人來篩選潛在顧客，並將潛在顧客引導到適當的後續通路。WhatsApp、Facebook Messenger 和微信等線上即時通訊平台日漸普及，也是帶動聊天機器人興起的重要原因。基於同樣的理由，民眾便期待能以日常閒聊的方式與聊天機器人進行交流。

這就是為何自然語言處理至關重要。不同於簡單的聊天機器人只能回答封閉式問題，內建自然語言處理的聊天機器人可以解釋和回應隨機的問題。自然語言處理可以讓聊天機器人理解一條聊天訊息，即使其中包含錯別字、俚語和縮寫等干擾也沒關係。強大的聊天機器人還能理解情感，例如偵測帶有諷刺意味的句子，它們還能夠理解前後脈絡來推敲模稜兩可的詞語本意。

隨著語音科技的發展，機器對語音指令的反應也變得更加靈敏了。市面上的語音助理不少，包括亞馬遜 Alexa，蘋果 Siri，Google 助理和微軟 Cortana。這些應用程式已能夠適切回答簡單的問題，以及切換各種語言執行命令。

2018 年在 Google I/O 開發大會上，Duplex 展現了虛擬助理能順利地進行自然對話。語音助理打電話到髮廊或餐廳預約時，揚棄了過去機器人的死板語氣，甚至多了停頓和語助詞的使用，因而變得比以往更符合現實。

有鑑於近來出現了這項發展，愈來愈多的顧客開始透過語音助理進行搜尋和購物。語音助理會根據過去的決策來比較產品、推薦值得購買的品牌，購買的產品愈多，建議就愈準確。各大品牌需要有萬全準備，迎接這種全新的購物方式，並且自行蒐集大數據，了解反映顧客喜好的購物演算法。

感測器技術

除了文字和語音辨識，電腦還可以學習影像和人臉辨識。在社群媒體時代，照片和自拍的流行助長了這項趨勢。簡而言之，影像辨識就是掃描一張圖片，然後在網路或資料庫中尋找相似之處。Google 身為搜尋引擎龍頭，已開發出影像辨識功能，使用者可以運用圖片進行搜尋。

影像辨識的應用極為廣泛。舉例來說，企業可以瀏覽數百萬則社群媒體貼文，掃描民眾購買和消費品牌的照片，發送感謝信。企業還可以辨識使用競爭品牌的民眾，並邀請他們轉換品牌。這類高度鎖定的廣告是提高市占率非常有效的方式。

英國的特易購廣泛使用影像辨識感測器來改善貨架平面圖，即呈現零售產品在貨架上應有的陳列方式以刺激買氣。特易購運用機器人對貨架上的產品進行拍照，接著針對影像進行分析，以辨識缺貨和擺錯的產品。影像辨識能力對於改善顧客體驗也很有用，例如顧客可以掃描貨架上的產品，並從人工智慧引擎中獲得該產品的詳細資訊。

特易購還計畫在結帳櫃台上安裝人臉辨識攝影機，以確認酒精和香煙消費者的年齡，這毋需人類收銀員在場，便能落實自助結帳。人臉辨識軟體的另一項使用案例是數位廣告招牌。判定消費族群的人口結構和情緒狀態後，便可以幫助廣告主提供正確的內容，而捕捉人臉對內容的反應也可以讓廣告主改善廣告。

另一個應用感測器的熱門領域是運用在自駕車中。Google 旗下的 Waymo 等科技公司正在與 GM Cruise、Ford Autonomous 和 Argo AI 等汽車製造商撐腰的企業展開競爭。自駕車大幅依賴感測器來提供周圍狀況給人工智慧系統，感測器通常分為四種類型，攝影機、雷達、超音波和雷射雷達，安裝在車輛的不同部位，藉此測量距離、辨識車道和偵測周圍其他車輛。

為了提升安全性和協助車輛管理，汽車上也安裝了內建感測器的車載資通訊系統（Telematics）。這對於最佳化物流和供應鏈特別有效。車主可以監控無人駕駛車輛、每天接收 GPS 模式、駕駛時間、里程和節能等方面的實用資訊，更重要的是，車主可以在汽車需要維修時獲得通知。前衛（Progressive）和蓋可（GEICO）等保險公司也把車載資通訊用於駕駛行為車險、提供保費折扣。

機器人技術

自 1960 年代以來，工業化國家的大企業主要利用機器人實現後端自動化。自動化機器人由於有勞力密集的特質，在製造業最能展現節省成本的價值，特別是近年來機器人的成本已低於上漲的薪資。人工智慧的進步拓展了工業機器人可以勝任的工作類型。再加上機器人具有耐力、工時彈性，因而帶來更高的生產力，毋寧是企業實現自動化的有力商業論點。

近年來，企業設法把面對顧客的介面上用機器人取代人類，這也是一種行銷手法。由於日本社會高齡化又不太接納移民，日本在機器人領域的進展快速、引領潮流：豐田和本田等日本汽車製造商，正在投資開發用於協助長者起居的護理機器人；軟銀的機器人 Pepper 成為養老院的個人看護、零售商店的銷售助理；日本雀巢公司也使用機器人來沖煮、銷售和供應咖啡。

然而，機器人最極端的實驗之一很可能出現在飯店業。在飯店業中，真人的角色至關重要。業者的構想是，機器人會讓員工有更多時間來提供更加個人化的服務。位於維吉尼亞州的希爾頓飯店，就試用了機器禮賓員康妮（Connie）。在 IBM 華生人工智慧（Watson AI）的支援下，康妮可以向飯店客人推薦附近的景點和餐廳。位於庫比蒂諾（Cupertino）的雅樂軒（Aloft）飯店推出了一款名為「Botlr」的機器人管家，可以替飯店客人提供備品與客房服務，並接收推特貼文（tweet）的提示。飯店也開始使用機器人進行烹飪，例如新加坡的 Studio M 商務飯店就使用機器人廚師來製作煎蛋捲。

雖然我們經常把機器人想像成人形，但機器人技術不僅限於實體機器人。當前有項趨勢是機器人流程自動化，這便是軟體機器人技術。這類自動化的虛擬機器人像人類一樣，按照特定準則執行電腦工作，企業藉此來落實各類大量重複流程的自動化，這些流程都必須零錯誤，通常用於後端財務管理，例如開發票和付款。員工到職和薪資匯款等人力資源管理也可以自動化。

在銷售方面，機器人流程自動化可以透過多種方式加以利用，像是應用於顧客關係管理就是常見的案例。銷售團隊可以輕鬆地將名片和彙總紙本報告轉換為數位格式，並儲存在顧客關係管理系統中。機器人流程自動化也適用於自動向潛在買家發送電子郵件。在行銷中，機器人流程自動化主要用於程式化廣告，牽涉自動競標和購買數位廣告投放，以獲得最佳結果。由於線上廣告預算的比例愈來愈高，這項行銷方式也愈來愈流行。

混合實境

在 3D 使用者介面創新的領域中，擴增實境與虛擬實境，又稱混合實境，是前途最為看好的科技，模糊了實體世界和數位世界的邊界。由於這項科技的目標是模擬人類的想像力，目前的應用主要集中在娛樂和遊戲方面。但部分品牌已投資於混合實境，以提升顧客體驗。

在擴增實境中，互動式數位內容疊加於使用者在真實世界所見環境。Pokemon Go 就是以擴增實境為基礎的熱門手機遊戲，我們透過手機螢幕看到想像中的生物時，彷彿牠們就在四周。多年來，疊加的數位內容類型經過長足的發展，已從主要是視覺圖形與聲音，進階到觸覺回饋和嗅覺感受。

就某種程度來說，虛擬實境與擴增實境相反。擴增實境就像是把數位物體帶到了現實世界，而虛擬實境則像是把你帶到了數位世界。虛擬實境通常運用模擬的數位環境代替使用者視角。裝上頭戴式顯示器後，使用者就可以體驗搭乘雲霄飛車或射擊外星人。想要使用虛擬實境，使用者可以選擇 Oculus Rift 等專用顯示器或 Google Cardboard 等手機觀影盒。索尼（Sony）和任天堂（Nintendo）的遊戲主機也提供虛擬實境的周邊配件。

混合數位與現實的能力改變了行銷的遊戲規則，帶來了無限的商機，以打造引人入勝的內容行銷，這主要是因為混合實境奠基於電動遊戲。混合實境讓公司可以用有趣刺激的方式，把額外資訊和故事嵌入到自家產品中，可以讓顧客不僅僅看到產品，還能使用產品。顧客甚至在決定購買產品之前，可說就已能先「消費」產品了。

觀光業利用混合實境提供虛擬行程，鼓勵民眾參觀實際的旅遊目的地。舉例來說，羅浮宮讓配戴 HTC Vive 虛擬實境顯示器的使用者來一場虛擬體驗，不僅可以近距離觀看蒙娜麗莎，還可以探索畫作背後的故事。零售商則用於虛擬地試用產品或提供教學，例如宜家家居替自家產品製作 3D 圖片，並使用擴增實境幫助潛在買家把家具擺在家中的樣子具象化。羅威（Lowe's）使用虛擬實境，按部就班地訓練使用者實地進行 DIY 家居修繕。

以汽車業為例，虛擬實境廣泛用在賓士（Mercedes-Benz）、豐田（Toyota）、雪佛蘭（Chevrolet）的車款，譬如抬頭顯示器能把資訊疊加在擋風玻璃上。路虎（Land Rover）將抬頭顯示器的概念進一步延伸，把前方地形的整個影像疊加在擋風玻璃上，形成透明汽車引擎蓋的假象。

TOMS 則是虛擬實境用於行銷、創造社會影響力的例子。該企業最廣為人知的政策，就是每賣出一雙鞋就捐出一雙鞋。透過虛擬實境，TOMS 讓顧客體驗把鞋子送給弱勢孩童的感覺。

物聯網和區塊鏈

物聯網指的是機器和裝置之間的相互連結、彼此溝通。手機、穿戴設備、家用電器、汽車、智慧電表和監視攝影機都是裝置互聯的例子。個人可以使用物聯網為智慧家居供電。企業可以用物聯網來遠距監控與追蹤資產，例如建築和車隊。最重要的是，物聯網可以落實無縫的顧客體驗。由於每個實體接觸點都透過物聯網有了數位連接，因此零阻力體驗再也不是天方夜譚。

迪士尼就是一個絕佳案例。主題遊樂園利用物聯網消除了阻力，重新定義了園區內的顧客體驗。魔法手環（MagicBand）與「我的迪士尼體驗（My Disney Experience）」網站整合，儲存顧客資訊，直接當作遊樂園的門票、房間鑰匙和付款方式。該手環透過無線電頻率技術與遊樂設施、餐廳、商店和飯店內的數千個感測器不斷通訊。迪士尼的工作人員可以監控顧客的動向、預測四十英尺範圍內即將光臨的顧客，並主動地為他們提供服務。這就像是你不必開口就有人親自迎接。蒐集到的顧客動向資料極具價值，可以依地點設計產品服務，或建議最快速的園區路線，引導顧客前往最愛的遊樂設施。

區塊鏈是另一種形式的分散式科技，即開放的分散式帳本系統，在點對點網路上記錄加密的資料。一個區塊就像帳本中一頁，包含了過去所有的交易。一旦一個區塊完成，就永遠不能修改，將讓給下一個區塊。區塊鏈的安全性高，交易雙方無需銀行當作中間人，也因毋需中央銀行，催生了比特幣等加密貨幣。

區塊鏈在保存紀錄上既安全又透明，可能大幅改變行銷的遊戲規則。IBM與聯合利華（Unilever）合作，展開了一項區塊鏈計畫，以提升數位廣告投放的透明度。根據美國廣告主協會（The Association of National Advertisers）估計，每在數位媒體花一塊美元，只有三十到四十美分到達發布商手中，而其餘的則流向中間商。區塊鏈用來追蹤這條從廣告主到發布商的交易鏈，並找出效率欠佳之處。類似的區塊鏈應用還可以透過供應鏈交易紀錄，幫助顧客驗證公平貿易、100%有機等行銷標語是否屬實。

另一個落實區塊鏈的領域是顧客資料管理。現今，顧客資料分散在多個企業和品牌，例如單一顧客可能會參加數十個忠誠度獎勵方案，並將個人資訊分享給多方。這種零散的本質讓顧客很難累積點數、點數又少到缺乏實質意義。區塊鏈可望將多個獎勵方案整合起來，同時減少其中的交易阻力。

總結：模仿人類的技術理應跨出更大一步

即至科技發展了數十年，卻處於類似休眠的狀態，終於將在未來十年起飛。強大運算能力、開放原始碼軟體、高速網路、雲端運算、無處不在的行動裝置和大數據等各項基礎都已到位。

即至科技發展至先進的狀態後，目標是模仿高度場景化的人類學習方式。我們從出生開始，就一直培養感知周圍環境、與他人交流的能力。生活經驗豐富了我們對世界如何運轉的整體認知。因此，這成為機器學習的基礎，為人工智慧鋪路；電腦藉助感測器和自然語言處理，也正以同樣的方式接受訓練；大數據重現了「生活體驗」；機器設法擴增實境和虛擬實境模仿人類的想像力，並且運用物聯網和區塊鏈複製人類的社交關係。

即至科技在行銷領域的應用至關重要。人工智慧可以讓企業進行即時的市場調查，進而賦予企業大規模進行快速個人化的能力。即至科技重視場景的本質，可以造就適性的顧客體驗。行銷人員可以根據當前顧客的情緒，量身打造內容、產品和互動。有了分散式運算能力，便能因應需求即時提供服務。

行銷人的課題

- 你的組織已採用了哪項即至科技？組織內部有哪些使用案例？
- 你思考過未來五年組織的科技藍圖嗎？其中有哪些機會和挑戰？

第 7 章

全新顧客體驗

機器雖然酷炫，真人才夠溫暖

2015 年，日本奇怪飯店（変なホテル）開業，金氏世界紀錄正式認定其為世界上第一家全以機器人擔任員工的飯店。精通多語的櫃台機器人配備了人臉辨識功能，幫助房客辦理入住和退房手續；機械手臂則在櫃台幫忙寄放行李；機器禮賓人員協助計程車叫車服務；機器手推車則把行李送到房間，房務機器人則負責打掃房間。飯店內大部分設施也都配備了高科技，例如每間客房都有人臉辨識門鎖和與蒸汽電子衣櫥。

最初，使用機器人是飯店業者克服日本員工短缺的策略。當時希望壓低員工人數來管理飯店，以降低人力成本。然而，機器人產生了不少問題，令客人大失所望，反而增加飯店員工的工作負擔，只為了解決這些問題。客訴的例子之一是某間客房內桌面機器人把打鼾聲誤認為詢問，導致一再吵醒熟睡的房客。因此，該飯店遂減少自動化，「開除」了一半的機器人。

這個案例凸顯了全自動化的侷限，高度依賴人際互動的飯店業尤其如此，全機器接觸點畢竟未必是最佳選項，並非所有的任務都能實現自動化，因為人與人之間的連結仍然不可或缺。機器人的確很酷炫，但事實證明，真人才有溫度。兩者的結合才反映了顧客體驗的未來。

這項觀點的證據就是，時下有愈來愈多的顧客同時使用線上和線下通路。麥肯錫的研究顯示，全球有 44％的顧客線上搜尋後到店內購買（webrooming），而 23％的顧客會到店內體驗後在線上購買（showrooming）。特思爾大宇宙集團（transcosmos）在亞洲十座大城市的研究則發現，大多數顧客針對不同的產品種類，可能交替使用這兩種購物方式。這類混合型的顧客旅程需要全方位的顧客體驗，即兼顧高科技與高感動的方法。

重新檢視數位世界的顧客體驗

顧客體驗並不是全新的概念。1998 年，派恩（B. Joseph Pine II）和吉爾摩（James H. Gilmore）首次提出了顧客體驗的概念，他們認為，商品和服務過去曾是創新的主要載體，但如今已缺乏差異化，如果不進行策略升級，就不可能訂出高於同類商品的加值定價（premium pricing）。

產品功能上的些微差異也許有助避免顧客投向競爭對手的懷抱，但很難提高支付的意願。企業必須展開經濟價值進程的下一個步驟：體驗。假如以劇場當作比喻，注重體驗的企業便是以商品為道具、把服務當舞台，與顧客進行難忘的互動。

隨著數位化的興起，這項概念受到了更多主流的關注。首先，網際網路的透明化讓顧客很容易就能比較產品和服務，導致商品化的速度加快。因此，企業必須在基本的產品服務之外進行體驗創新。最重要的是，顧客一直期盼與品牌建立真心的連結，矛盾的是，這在網路時代已是可遇不可求。因此，現今企業不得不透過網際網路與其他數位科技，才能與顧客進行互動和接觸。

隨著不同產品的商品化，企業現在將創新的重點轉向產品周邊的每個接觸點。如今，與產品互動的新方式比產品本身更具吸引力，贏得競爭的關鍵不再只是產品本身，而是在於顧客如何評價、購買、使用和推薦產品。基本上，顧客體驗已成為企業創造與提供更多顧客價值的全新方式。

實際上，顧客體驗是商業成果的主要動力。根據Salesforce的調查，三分之一的網路顧客願意為一流的顧客體驗支付更高的費用。資誠（PwC）這家專業諮詢機構的一項研究也發現，有近四分之三的顧客表示，頂級顧客體驗不僅有助維持忠誠度，顧客也願意為此額外支付高達16%的溢價。

追蹤接觸點：5A

由於顧客體驗的概念是拓展產品創新原本狹隘的聚焦範圍，那宏觀的視野就極為重要。顧客體驗不僅僅是攸關購買體驗或客服，而是早在顧客購買產品之前就已開始了，並且持續到消費後很長一段時間，其中包含了顧客與產品的所有接觸點：品牌傳播、零售體驗、銷售團隊互動、產品使用、客服以及跟其他顧客的對話。企業必須協調所有接觸點，設法提供無縫接軌的顧客體驗，讓顧客感到深具意義又難忘。

在行銷 4.0 中，我們導入了一個框架來呈現這些接觸點，同時打造卓越的顧客體驗。5A 的顧客消費路徑（customer path）囊括了顧客在數位世界中，購買與消費產品服務的整個歷程，參見圖 7.1。

這個框架是十分彈性的工具，適用於所有產業。在描述顧客行為時，這個路徑勾勒的面貌更接近於實際的顧客旅程，不僅在現今仍然具有實際意義，而且還提供了堅實的基礎，可以看到如何在整個顧客體驗中進行人機整合。

5A 反映了許多看似個人的顧客購買決策，本質上其實是社會化的決策。隨著生活節奏加快、內容爆增、注意力降低，顧客在制定決策時遇到不小的難題。因此，他們求助於自己最值得信賴的推薦來源：親朋好友。現今，顧客會主動聯繫、詢問有關品牌的問題，並向他人推薦。因此，衡量顧客忠誠度的標準也從單純的留存率與回購率，轉變為是否會幫品牌宣傳。

在「認知」（aware）階段，顧客從經驗、行銷傳播或

圖 7.1　5A 顧客消費路徑

認知（aware）	打動（appeal）	詢問（ask）	行動（act）	倡導（advocate）
顧客透過經驗、廣告和推薦，接觸到不同品牌	顧客消費品牌宣傳內容，受到特定品牌的吸引	顧客受到好奇心的驅使，做更多研究來獲取資訊	顧客有了充足資訊後，決定想消費與使用的品牌	長期下來，顧客產生品牌忠誠度，進而幫品牌宣傳

他人的宣傳中接觸到一大堆品牌。認識到數個品牌後，顧客就會消化自己接觸到的所有資訊，會創造短期記憶或放大長期記憶，然後只受到少數品牌的吸引，這就是「打動」（appeal）階段。在好奇心的驅使下，顧客通常會積極地研究吸引自己的品牌，從親朋好友、媒體或直接從品牌端獲取更多資訊，這就是「詢問」（ask）階段。

如果在詢問階段接觸更多資訊而受到說服，顧客就會決定採取「行動」（act）。重要的是要記住，理想中的顧客行動並不限於購買活動。在購買品牌後，顧客會透過消費、使用以及售後服務進行更深入的互動。時間一久，顧客可能會對品牌產生忠誠度，這會反映於留存率、回購率，以及最終向外代言，這就是「倡導」（advocate）階段。

每家企業的最終目標，就是在整個歷程中提供出色的互動，藉此推動客戶從認知階段轉移到宣傳階段。為了實現這項目標，企業必須精心設計每個接觸點，並決定何時使用自動化、何時使用人性化接觸。顧客僅僅要求速度和效率時，例如在預訂和付款的步驟，自動化通常十分有用。另一方面，人類仍然更擅長執行需要彈性與脈絡理解的工作，例如餐旅業或諮詢相關的互動。

全新顧客體驗中的人類與機器

在混合型顧客體驗中，人類和機器的角色同等關鍵。兩者不僅擅長不一樣的事物，還能相輔相成。電腦的速度和效率給予人類更多自由，可以進行其他需要想像力的活動。自動化是把我們的創造力提升到更高層次的跳板。就這項意義來說，社會大眾必須正視科技推動、加速創新的事實，也符合科技發明的初衷：解放人力資源。

在深入探討機器與人類各自的優勢之前，我們需要先了解何謂莫拉維克悖論（Moravec's paradox）。專精研究人工智慧的學者漢斯．莫拉維克（Hans Moravec）曾提出一項著名觀點：提升電腦的智力測驗成績相對容易，但想讓電腦擁有一歲幼兒的感知與運動能力卻難如登天。

推理這項人類的高階能力，電腦可以輕鬆學會，因為這牽涉一輩子的有意識學習。由於我們明白箇中原理，便可以單純地運用同樣的邏輯、極為直觀的過程來訓練電腦，而電腦具備更強大的運算能力，想必會比我們學得更快、推理能力也更加牢靠。

相較之下，感覺動作（sensorimotor）知識，也就是我們對周圍環境的感知與反應，機器較難學會。這似乎是在學齡前階段，孩子輕鬆地與周遭的人和環境互動，就能學會的低階能力。這攸關本能地理解他人的感受與擁有同理心。沒有人曉得孩子是如何發展出這類能力，因為大多來自於人類數百萬年演化過程中，所累積的潛意識學習。因此，我們實在難以把自己都不理解的事物教會機器。

人工智慧科學家一直想對無意識的學習進行逆向工程，方法便是運用有意識的流程。電腦分析數十億張面孔與其特徵，以辨識每一張人臉，甚至預測潛在的情緒。研究聲音和語言也是如法炮製。目前的研究結果相當出色，但需要幾十年才能實現。在機器人方面，成果則十分有限。機器人已成功複製了我們遇到外部刺激時，身體動作會有的反應，但未能兼顧動作的優雅。

電腦可以輕易地超越人類的能力，即大多數人心目中最了不起的資產，包括邏輯思維和推理能力；相較之下，人類學習起來再自然不過的事物，卻需要機器花費數十年時間、龐大的運算處理能力來模仿。部分人經常認為理所當然的能力，例如，常識和同理心正是我們與電腦的差異。這就是悖論所在。

處理資訊的變化

區別人類與電腦的關鍵因素之一就是處理資訊的能力。在知識管理的範疇中，有個稱作 DIKW 金字塔（DIKW hierarchy）的四大階層：資料（data）、資訊（information）、知識（knowledge）和智慧（wisdom）。這個體系的靈感部分來自艾略特（T. S. Eliot）筆下劇作《磐石》（*The Rock*），不同作者打造出多種版本。我們在 DIKW 框架中，加入了雜訊（noise）和洞見（insight），使用總共六階層的

▌圖 7.2　知識管理金字塔

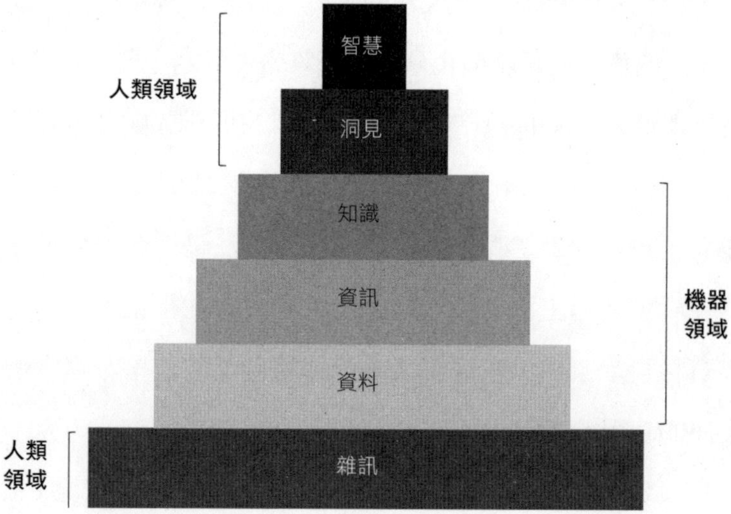

模型（參見圖 7.2）。

資料、資訊和知識是機器的既有領域。電腦已非常善於將雜亂的資訊快速消化成有意義的資訊，而且容量幾乎是無限。隨後產生的資訊再添加到相關資訊和其他已知脈絡的寶庫中，發展出所謂的知識。電腦將這些豐富的知識組織起來，並管理在內建儲存空間中，並能在需要時存取。有鑑於量化的本質與大量的處理，機器成為這類工作的理想幫手。

另一方面，金字塔中三個略為模糊又直觀的要素（雜訊、洞見和智慧）屬於人類的範疇。雜訊是資料的扭曲或偏差，把資料進行結構化分類時，雜訊會成為主要的干擾，就以離群值（outlier）為例，電腦可以快速辨識離群值與其他資料集（dataset）的顯著差異，但離群值可以是有效的變異，也可以是錯誤，而斷定的唯一方法是按照現實世界的理解，進行主觀判斷。這就是人類（在此指生意人，而非資料科學家），在保留或過濾掉離群值的決策過程中所發揮的功用。

人類在過濾雜訊時的判斷力至關重要。在某些情況下，可以透過發現異常（即離群資料）得到洞見。許多市場研究人員或民族誌學者在觀察非典型的顧客行為時，經常會獲得深具意義的洞見。他們也經常刻意觀察常態分布兩頭的極端使用者，藉此發現常態之外的靈感。由於這類異常見解很少出現，一般認為不具統計顯著性。在傳統既定的知識之外尋找洞見，便屬於質性的面向，最符合人類的本能。

在上述金字塔的頂端便是智慧，這也許是機器最難模仿的人類美德。智慧幫助我們整合公正的觀點、良好的判斷力和道德考量，進而做出正確的決定。沒有人曉得我們這輩子究竟如何發展出智慧。但大多數人都會同意，智慧來自於豐富的實務經驗，而非仰賴理論。換句話說，人類從過去決策的正負面影響中學習教訓，久而久之，智慧就會變得更加精進。這個過程不同於狹義的機器學習，涵蓋的層面非常廣泛，包括人類生活的各個方面。

在市場研究領域，電腦會幫助行銷人員處理資訊、建立市場模擬模型。但到頭來，行銷人員仍需要用自己的智慧得出可落實的洞見、做出正確的判斷。一般情況下，唯有人類能推翻人工智慧推薦的決策。

最佳的例子便是 2017 年醫生杜成德（David Dao）被強行趕下美聯航飛機的事件。四名乘客不得不挪出空間給亟需登機的航空公司人員。根據最大化收益的演算法，航空公司選擇了杜醫生，並將他趕下機，原因是根據飛行常客與票價等級的評估，他的乘客等級「價值最低」，可是電腦未能認知的重要事實是，杜成德是一位醫生，必須在第二天看診。盲目依循電腦的偏差運算、忽略了同理心，往往會導致錯誤的決定，而粗暴的處理方式也有損顧客體驗的人情味。

人機協作思維

人類與機器也可以在聚斂型思維和擴散型思維上進行合作。眾所周知的是，電腦具有聚斂型思維的能力，即在辨識多個不具結構化資料集中的模式和群集，這些資料集不僅包括文字和數字，還包括圖片和視聽內容。相較之下，人類則擅長擴散型思維，即產生全新想法、探索許多可能的解決方案。

這些相輔相成的功能具有巨大的潛力，例如提高廣告的效益。電腦可以瀏覽數百萬則廣告，從中挖掘基本創意面向（配色、文案或排版）與結果（認知度、感性訴求或購買轉化率）之間的相關性。這既可以當作廣告投放前的創意測試，也可以當作歷史廣告成效審核。舉例來說，Chase 使用新創企業 Persado 的人工智慧來撰寫廣告文案。在創意測試中，該軟體成功超越了真人文案寫手，獲得了最高的點擊率。該人工智慧的用字遣詞是從龐大的資料庫中精挑細選，這些字詞都符合感性訴求的標準。

品牌經理和創意廣告商不應視其為威脅。目前為止，機器還無法取代人類來撰寫機構簡介或從頭生出廣告文案。換句話說，機器尚未有能力打造觸動人心的品牌定位，並且轉化成正確的訊息。此外，電腦也不適合設計新穎又貼地氣的宣傳活動。然而，人工智慧可以揀選字詞、顏色與版面，以將廣告最佳化。

顧客介面中的人類與機器

在顧客介面中，人類和機器也可以相互合作。一般情況下，通路的選擇取決於顧客分層。由於服務成本較高，真人互動一般都是預留給熱門的潛在顧客（prospect）與最有價值的顧客。同時，機器則用來挑選待開發顧客（lead）以及跟低服務成本的顧客互動。服務區隔讓企業在控管成本的同時，也能管理好風險。

實際上，凡是人工智慧用於互動，就會伴隨著風險。微軟現已淘汰的聊天機器人「Tay」便是很好的例子。Tay 從酸民充滿辱罵的推文中學習並回應後，居然也開始在推特上發布同樣充滿歧視字眼的言論。這款聊天機器人推出後十六個小時就被迫除役。Google 也遭遇過類似的問題，當時它的影像辨識演算法把使用者的黑人朋友標記為大猩猩。Google 後來修改了演算法，把大猩猩一詞從標籤中完全刪除。人工智慧欠缺敏感度，毋寧是管理上的一大威脅。

電腦只適合於可預測的查詢和可程式化的工作。自助服務系統與聊天機器人等解決方案只能處理基本的交易和查詢。面對包山包海的問題，人類的處理更加靈活，因此更適合扮演諮詢的角色。人類具備卓越的脈絡理解能力，能夠適應難以預知的環境和異常的顧客場景，這都超越標準程序的範疇。

例如，軟體公司 HubSpot 就運用聊天機器人，來擷取、培養上中層銷售漏斗（sales funnel）內的潛在顧客。但 HubSpot 為挑選出來的潛在顧客指派了一支銷售團隊進行諮詢式銷售，還另派高感動團隊進行到職培訓。至於售後服務，該公司再利用聊天機器人來回答簡單的詢問。

最重要的是，人類溫暖友善。對於任何需要同理心的工作，人與人之間的連結都能提供最佳的解決方案。即使是已安裝了高科技顧客管理解決方案的企業，也仍然依靠人的社交能力來落實服務。就以萬豪（Marriott）的「M Live」這個社群媒體聆聽（social listening）中心為例。一旦聆聽中心發現萬豪旗下某家飯店未注意到的良機，例如，

▌圖 7.3　結合人類與機器的優勢

機器	人類
高效處理資料、擷取資訊、管理知識	能過濾雜訊、歸納洞見、發展智慧
擅長具結構的聚斂型思維、發掘模式	善於擴散型思維、跳脫框架尋找解決方案
精通運用具特定演算法的邏輯思維	適切運用同理心來建立連結、產生共鳴
適合快速又大量進行重複且可程式化的工作	能彈性處理需要脈絡理解和常識推理的工作

一對正在度蜜月的夫妻，指揮中心就會通知各家飯店，以便給客人帶來驚喜。

理解自動化和人情味各自的優勢，可謂設計優異全方位顧客體驗（Omni CX）的首要步驟，參見圖 7.3，而且重點往往不是選擇的問題。企業需要揚棄「機器取代人類」的思維模式，否則就有可能錯失營運最佳化的機會。實際上，在大多數接觸點中，人類與電腦應該共存，並互相發揮各自的長處。因此，接下來需要重新構想、設計顧客消費路徑，以充分利用協作的力量（見第 11 章）。

善用即至科技來實現全新顧客體驗：檢核表

為了確保合作可以順利進行，新一代行銷人員必須對科技有一定的認識，尤其是那些能提供行銷活動曝光度的科技。行銷人員經常使用的一套科技稱作行銷科技（MarTech）。在消費路徑中，行銷科技有七個常見的使用案例。

廣告

廣告是透過各個付費媒體，向目標受眾傳達品牌訊息的一種方式。在注意力屬於稀有資源的世界中，廣告可以說是侵入性的內容。廣告相關與否非常重要。因此，科技在廣告中最常見的使用案例便是界定目標受眾。企業可以先找到合適的目標市場來最佳化成效，最終改善廣告在受眾眼中的關聯性。

科技還可以幫助行銷人員準確剖析目標受眾或人物誌，進而提升廣告創作品質。由於廣告往往無法一體適用，因此人工智慧能夠快速製作出不同文案和視覺組合的廣告創意（ad creative），這就是所謂的動態創意（dynamic creative），是個人化內容不可或缺的一環。

個人化不僅僅侷限於廣告訊息，也適用於媒體置入（media placement）。內容相關廣告（contextual advertising）可以讓廣告在合適的時刻，自動出現在合適的媒體上。舉例來說，使用者在評價網站上研究打算添購的新車時，螢幕上就可能會出現汽車廣告。由於廣告訊息與當前使有者感興趣的領域一致，廣告通常會有較好的回應率（參見第10章）。

最後，科技在廣告中另一項重要用途便是用於自動購買媒體廣告。程式化平台讓廣告主能夠自動購買、管理付費媒體空間。由於這是自動競標的整合購買，目前已證實程式化廣告可用來把媒體開銷最佳化。

內容行銷

內容行銷是近年來的熱門詞彙，獲譽為數位經濟中廣告的替代方案，而且可以不著痕跡。一般認為，內容比廣告的干擾更小，而且同時運用娛樂、教育和靈感來吸引注意力，而不是硬性推銷。內容行銷的基本原則之一是明確定義目標受眾，以便行銷人員設計出有趣、相關又實用的內容。因此，受眾界定對內容行銷更加至關重要。

分析工具可以用來追蹤和分析受眾的需求和興趣，讓內容行銷人員生產和挑選受眾最有可能消費的文章、影片、資訊圖表和其他內容。人工智慧還能讓這個繁瑣的過程自動化。

藉助預測型的分析工具，內容行銷人員甚至可以預想網站上每個顧客旅程，因此行銷人員可以提供動態內容，而不是根據預定流程顯示靜態內容。換句話說，每個網站訪客都會根據他們過去的行為和偏好，看到不同的內容，讓內容行銷人員引導顧客走完消費路徑。這樣一來，從訪客、待開發顧客，再到買家的轉換率就能得到顯著提升，從而達到最佳化業績的效果。亞馬遜和 Netflix 則提供個人化的頁面，以引導使用者點選它設想好的影片。

直效行銷

直效行銷是更有針對性的產品服務銷售策略。與大眾媒體廣告相比，直效行銷著重於針對個別顧客來銷售產品服務，沒有中間商參與，通常會使用平信和電子郵件等媒體。在大多數情況下，潛在顧客訂閱直效行銷通路，是希望得到促銷優惠和最新資訊，這就是所謂的許可式行銷（permission marketing）。

直效行銷訊息應該要貼近個人需求，才不會被視為垃圾郵件。因此，訊息文案應該在人工智慧的協助下特別量身打造。但直效行銷最重要的案例，很可能是產品推薦系統，即電子商務的日常主軸。透過推薦系統，行銷人員可以根據過去的歷史記錄預測顧客最有可能購買的產品，按照此項偏好來提供選項。由於個人化至關重要、數量又可能極為龐大，因此在直銷中使用自動化工作流程實屬必然。

而且由於產品總是伴隨特定的號召，可以透過分析轉換率來預測和衡量活動的成效。因此，科技的使用也有助預測和活動分析工具。持續追蹤顧客的迴響，長期下來將有助改善演算法。

銷售顧客關係管理

在銷售部門，自動化科技可以帶來顯著的成本節約、同時促進規模化。待開發顧客管理流程中，有些部分（特別是行銷漏斗頂部）可以交給聊天機器人。有了聊天機器人，蒐集待開發顧客資訊（lead capture）可以由對話展開，不太使用正式表格。這類顧客的篩選本質上可程式化，因此很適合聊天機器人接手。部分高級機器人還可以透過回應潛在顧客的詢問、提供場景相關資訊，來自動化待開發顧客的經營過程，這又稱作銷售漏斗的中段。

行銷科技在顧客管理領域也有所成長。在產業垂直應用領域，銷售人員耗費大量時間處理非銷售活動和行政工作。藉由銷售顧客關係管理（Sales Customer Relationship Management, Sales CRM），聯絡人歷史紀錄與銷售機會等顧客資訊便自動統整起來，使銷售人員能夠專注於實際的銷售活動。在整個潛在顧客管理過程所蒐集到的大量資料，將會讓銷售團隊掌握正確的資訊，進而推動交易。

對於許多企業來說，銷售業績預估也是一項難題，因為大多數銷售人員都仰賴直覺來評估每個待開發顧客。問題在於每個銷售人員的直覺能力不同，導致整體預估成效存在缺陷。預測型的分析工作可以讓銷售團隊做出更準確的預估，好讓他們更懂得掌握銷售機會的輕重緩急。

配銷通路

即至科技也有各種改善配銷通路的使用案例。在COVID-19 後疫情時代，最受歡迎的莫過於零售商第一線的零接觸互動。除了降低成本外，自助服務介面和第一線機器人更有利於簡單的互動，例如銀行交易、點餐、機場報到等等。疫情爆發到頭來也可能促進無人機宅配的發展。中國京東線上商城（JD.com）便是封城期間率先利用無人機送貨到偏遠地區的企業。

先進科技也能確保顧客的零阻力體驗。零售商也是最早嘗試使用感測器的第一批企業。亞馬遜不斷擴大實體店面的版圖，在數家全食超市據點試辦了生物特徵辨識付款系統。中國顧客到了零售門市，只要收銀台的人臉辨識裝置與支付寶或微信支付連線，就可以進行結帳。

物聯網的應用也愈來愈普及。配備了感測器的智慧門市可以分析訪客的動向，因此可以輕鬆勾勒出實際顧客旅程。因此，零售商可以調整店面格局，以改善消費體驗。透過物聯網，零售商還可以準確掌握每位顧客不同時間點的位置，從而在每個走道與貨架進行精準的定位行銷（location-based marketing）。

透過綜合使用即至科技，通路商可以帶給顧客購物前的虛擬體驗。舉例來說，擴增實境和語音搜尋功能已用於山姆俱樂部（Sam's Club）的精選產品故事與店內導航。虛擬實境則讓顧客不用出門就能逛實體店面，例如 Prada 就是在疫情期間率先使用虛擬實境取代零售體驗的奢侈品牌。

產品與服務

行銷科技不僅對改善顧客互動有價值，對提升核心產品和服務也有價值。網購和個人化趨勢催生了大規模客製化與價值共創（co-creation）的概念。每個人都希望產品能為自己量身打造，印有自己的名字縮寫、顏色選擇和適合自己身材的尺寸。無論是吉列刮鬍刀（Gillette）、Levi's 牛仔服飾到賓士，各大企業都透過客製化選項來拓展自己的產品陣容。

動態定價也應該到位，以配合眾多客製化機會。在服務產業中，自訂價格（custom pricing）的角色更加明顯。保險公司提供顧客選擇適合自己需求的保單，這也反映在定價上。航空公司可能會根據多個變因來定價，不僅是一般資訊，例如當前需求與航線競爭，但也包括個別旅客的消費終身價值。科技還能替以往昂貴產品（例如企業軟體或汽車）落實「一切皆服務」的商業模式。

預測型分析工具也適用於產品開發。企業可以評估當前計畫的風險，並預估市場接受度。舉例來說，百事可樂（PepsiCo）利用黑天鵝公司（Black Swan）提供的分析技術來分析飲料對話趨勢，並預測哪些研發中的產品成功機率最大（參見第 9 章）。

客服顧客關係管理

聊天機器人的使用不僅在管理銷售漏斗上相當常見，在回覆服務諮詢方面也十分普遍。企業透過聊天機器人，可以提供全天候的客服管道，並即時提供常見的解決方案，這在數位世界中至關重要。而且企業可以確保網站、社群媒體和行動應用程式等多個通路整合度與一致性更高。但最重要的是，聊天機器人減少了客服人員處理簡單任務的工作量。

至於較為複雜的問題，聊天機器人可以無縫移轉給客服人員。整合顧客關係管理（Service Customer Relationship Management, Service CRM）資料庫後，提供客服過去互動清單與其他相關資訊，便可以大幅提升客服的績效。接著，客服就可以確定顧客問題的最佳解決方案。

另一個重要的使用案例與顧客流失（churn）偵測有關。企業向來都使用社群聆聽來追蹤和測量線上顧客的觀點，但假如在社群聆聽平台嵌入預測分析工具引擎，企業還可以預測顧客流失機率並加以預防。

毫無疑問，企業必須充分利用行銷技術。然而，企業主的一大問題是如何確定落實哪些科技，因為並不是全部都適合企業的整體策略。接下來的挑戰是如何將使用案例整合成無縫又零阻力的顧客體驗，參見圖 7.4。可以肯定的是，隨著科技的發展，行銷人員將把科學的部分留給機器處理，而專注於人文層面。

圖 7.4　行銷科技在全新顧客體驗中的使用案例

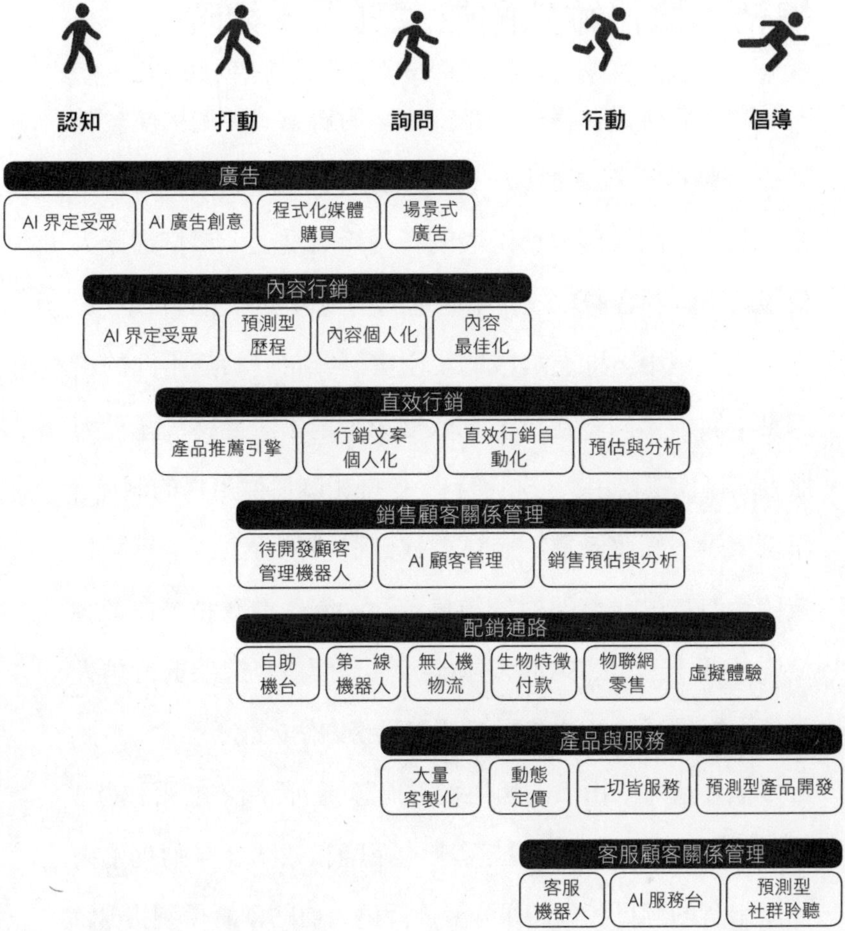
認知
打動
詢問
行動
倡導
廣告
AI 界定受眾
AI 廣告創意
程式化媒體購買
場景式廣告
內容行銷
AI 界定受眾
預測型歷程
內容個人化
內容最佳化
直效行銷
產品推薦引擎
行銷文案個人化
直效行銷自動化
預估與分析
銷售顧客關係管理
待開發顧客管理機器人
AI 顧客管理
銷售預估與分析
配銷通路
自助機台
第一線機器人
無人機物流
生物特徵付款
物聯網零售
虛擬體驗
產品與服務
大量客製化
動態定價
一切皆服務
預測型產品開發
客服顧客關係管理
客服機器人
AI 服務台
預測型社群聆聽

總結：機器雖然酷炫，真人才夠暖

顧客體驗是贏得競爭激烈市場的新方式。過去處於外圍的互動與沉浸式體驗，現今比核心產品和服務更加重要。為了從認知到宣傳階段的各個接觸點上，都打造令人信服的卓越顧客體驗，善用先進的科技可說勢在必行。

在行銷中，即至科技的使用案例分布於七類不同的接觸點：廣告、內容行銷、直效行銷、銷售、通路、產品與服務。科技主要用於分析資料、挖掘相關目標市場的洞見。舉例來說，媒體購買與定價要找到最佳配置，便是行銷科技確定有效的領域。對於銷售預估、產品推薦和潛在顧客流失偵測，人工智慧的預測能力深具價值，還能讓行銷人員能大規模又快速地實現產品和服務的個人化。

但人情味所扮演的角色絕不能忽視，因為才能用智慧、彈性和同理心來制衡科技帶來的速度和效率。自動化帶來前所未有的洞見和省時，可望讓行銷人員的創意得到提升。雖然機器在可程式化工作流程上更加牢靠，但人類的直覺與常識卻更加靈活。最重要的是，就建立真誠的連結來說，人類確實無法取代。

行銷人的課題

- 呈現你組織內的顧客旅程。根據你的經驗，最關鍵的接觸點為何？
- 行銷科技可以如何改善上述的關鍵接觸點？你打算如何落實這些目標？

Part 4

運用行銷科技的全新戰術

第 8 章

資料行銷

打造資料生態系、精準目標界定

2012 年，由查爾斯．杜希格（Charles Duhigg）撰寫的一篇文章登上《紐約時報雜誌》頭條，內容是關於目標百貨（Target）神準預料一名少女已有身孕。這名少女的父親十分生氣，因為看到女兒一直收到該百貨的嬰兒用品折價券，他原以為是寄錯地址，心想該百貨根本在鼓勵女兒懷孕，但親自跟女兒聊過後，他才得知女兒確實懷孕了。

這件事發生的前一年，目標百貨才打造出一套演算法，可以根據女性顧客購買的產品，推估她懷孕的機率。這家百貨分配給每位購物者一個獨特的認證號碼（ID），再連結到所有人口統計資訊與購物紀錄。大數據分析工具已推導出懷孕女性的特定消費模式，可以用來預測符合該模式的購物者未來採購內容。該百貨甚至設法根據購物時間來推測預產期，這些方法都會有助於決定寄送折價券的對象與時間。

這個故事能充分說明，企業可以利用資料生態系制定更明智的決策。資料行銷是落實行銷 5.0 的第一步。

只要擁有分析工具引擎，品牌便可以根據過去購買紀錄預測潛在顧客接下來的可能消費。這樣一來，品牌就可以寄送個人化的優惠，並展開客製化的行銷活動。現今，數位基礎設施不僅可以針對少數目標市場執行這些任務，更可以針對顧客一對一進行的行銷。

二十多年來，行銷人員一直渴望能打造真正的個人化行銷。唐·佩珀（Don Peppers）和瑪莎·羅傑斯（Martha Rogers）兩人率先提倡一對一行銷，這也是當今行銷界最趨之若鶩的實務。「一人市場」一般認為是市場區隔最終階段，而數位科技在行銷上的應用，都是為了要實現這個目標。

一人市場

市場本身具異質性，每個顧客都獨一無二，因此行銷第一步絕對是市場的區隔與界定。根據對市場的了解，企業才能設計出應對市場的策略和戰術。市場區隔得愈細，行銷方法就愈能引起共鳴，但執行起來也就愈難。

自 1950 年代市場區隔的概念問世以來，區隔方法本身也在不斷演變。市場區隔共有四大方式：地理區隔、人口區隔、心理區隔和行為區隔。

市場區隔四大方式

行銷人員一定都先進行地理區隔，即按照國家、地區、城市和地點畫分市場。一旦他們察覺地理區隔過於廣泛，就會添加人口變因：年齡、性別、職業和社經地位。舉例來說，「住在伊利諾州的年輕中產階級婦女」或「富裕的紐約嬰兒潮世代」便是帶有地理與人口變因的目標市場名稱。

一方面，地理和人的區隔方法是由上而下，因此非常容易理解。更重要的是，兩者的可執行度高。企業清楚地知道目標市場的地點與辨識方式。另一方面，目標市場的意義不大，因為具有相同人口特徵、住在相同地點的人可能會有不同的購買偏好和行為。此外，他們又相對靜態，意即在所有產品上，一位顧客都會被歸入單一目標市場。在現實中，顧客的決策歷程會因為產品類別和生命周期而有所差異。

隨著市場調查的普及，行銷人員採用了更多由下而上的方法。他們沒有對市場進行區隔，而是根據顧客對問卷的回答，把具有相似喜好和行為的顧客分在同一組。儘管是由下而上，分類過程仍十分詳盡，這代表群體中每位顧客都歸類到特定目標市場。廣為人知的分類方式包括心理區隔和行為區隔。

心理區隔是根據個人信念、價值觀、興趣和動機對顧客進行分類。由此產生的目標市場名稱通常很直觀，例如「追求社會地位者」或「體驗生活者」。這類目標市場也展現對特定產品或服務特色的態度，例如「品質導向」或「在意成本」。心理區隔適切替購買行為提供了適當的代稱。一個人的價值觀和態度是決策的動力。

更準確的方法則是行為區隔，因為這是按照過去的實際行為，回溯對顧客進行分類。行為目標市場可以包括反映購買頻率和金額的名稱，例如「飛行常客」和「高消費者」，還可以用「忠實粉絲」、「品牌轉換者」或「首購族」等名稱來顯示顧客忠誠度和互動深度。

這些區分技巧深具意義，因為目標市場精確地反映了具有不同需求的顧客群。這樣一來，行銷人員就可以針對每個群體擬定相應的策略。然而，心理和行為區隔的可執行度較差。

「追逐冒險者」或「專撿便宜者」等名稱的目標市場，只適用於設計廣告創意文案或拉式行銷（pull marketing）。但在推式行銷（push marketing）中，銷售人員或其他第一線人員面對顧客時，就較難認清這些目標市場。

區隔應該是由上而下與由下而上。換句話說，既要有意義，又要可以執行，因此應該結合四個變因：地理、人口、心理和行為。透過心理與行為區隔，行銷人員可以將顧客分到有意義的群體中，然後將地理與人口特徵疊加到每個目標市場，使其具有可執行度。

開發人物誌

據此可以簡單描繪出具備四個變因的虛構顧客群，稱作人物誌，以下是人物誌的例子：

約翰是一位四十歲的數位行銷經理，擁有十五年的經驗，目前在一家大型消費品包裝公司工作。他負責設計、開發和實施跨數位媒體的行銷活動，頂頭上司是行銷總監。

總監透過電商通路的整體品牌知名度與線上對話率，考核約翰的業績。除了根據考核指標努力提高業績外，約翰還具有高度的成本意識，認為數位行銷支出應該盡可能維持高效能。

為了管理大小事務，約翰與員工、數位行銷機構合作。他底下設有一組五人團隊，每個人負責不同的媒體通路。他分別跟一家搜尋引擎最佳化（SEO）機構與一家社群媒體機構簽約，前者協助管理網站，後者協助進行內容行銷。

以上這則人物誌，便適用於有意開發新顧客的數位行銷機構，或數位行銷自動化軟體公司。這則人物誌羅列出虛構潛在顧客個人資料，最重要的是指出他關注的重點。因此，人物誌可以用於設計正確的行銷策略。

對客戶進行區隔和剖析向來是行銷人員的主要工作。

▌圖 8.1 一人市場顧客剖析

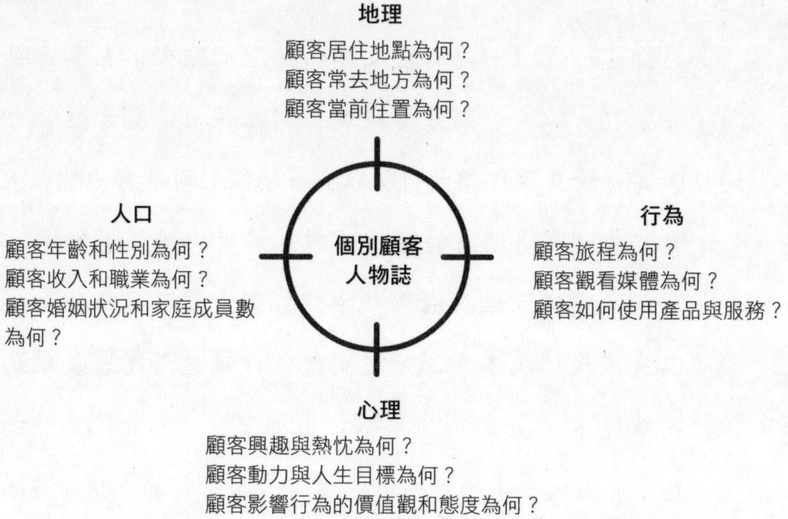
地理
顧客居住地點為何？
顧客常去地方為何？
顧客當前住置為何？
人口
顧客年齡和性別為何？
顧客收入和職業為何？
顧客婚姻狀況和家庭成員數為何？
個別顧客
人物誌
行為
顧客旅程為何？
顧客觀看媒體為何？
顧客如何使用產品與服務？
心理
顧客興趣與熱忱為何？
顧客動力與人生目標為何？
顧客影響行為的價值觀和態度為何？

但隨著大數據興起，行銷人員蒐集新型市場資料、加以區隔細分的可能性更加多元，參見圖 8.1。顧客資料庫和市場調查不再是顧客資訊的唯一來源。舉凡媒體資料、社群資料、網路資料、端點銷售系統（point-of-sale, POS）資料、物聯網資料和參與度資料，都可以豐富顧客的概況。企業面臨的一大難題，就是打造整合上述所有資料的生態系。

一旦資料生態系建立起來，行銷人員就可以透過兩項方式來改善既有的行銷區隔實務：

1. 大數據讓行銷人員得以把市場區隔為最小單位：單一顧客。基本上，行銷人員可以替每位顧客創立真實的人物誌。據此，企業就可以執行一對一或一人市場行銷，量身打造每位顧客的產品服務和活動。而且多虧有了龐大的運算能力，人物誌的詳細程度和顧客數量沒有上限。
2. 大數據也讓區隔變得更加動態，使得行銷人員可以隨時改變策略。企業可以根據不同的場景，即時追蹤顧客在不同目標市場之間的動向。舉例來說，飛機乘客可能在出差時偏好商務艙座位，度假旅遊時則選擇經濟艙。行銷人員還可以追蹤某項行銷措施的效果，是否成功地把品牌轉換者變成忠實顧客。

值得注意的是，儘管大數據打了劑強心針，傳統的區隔方式仍然有其益處，不僅促進對市場的基礎理解，幫顧客群貼上特色標籤也有助行銷人員熟悉市場（只是傳統區隔法無法處理過多的一人市場，畢竟人類的運算能力不如電腦來得強大）。清楚易懂的標籤也能促使組織內部人員向整體品牌願景靠攏。

資料行銷的準備

一流的行銷往往源自精準的市場洞見。過去數十年來，行銷人員不斷改善他們進行市調的方法，設法挖掘競爭對手缺乏的資訊。每位行銷人員的工作準則都是先參照質性研究與量化調查結果，再推動行銷規畫時程。

過去十年來，行銷人員都在瘋狂建立充足的顧客資料庫，希望改善顧客關係管理。大數據的問世掀起了資料行銷的風潮，行銷人員相信大量資料底下藏著即時的洞見，可以賦予他們前所未有的行銷能力。他們也開始思考該如何結合市場研究與分析工具產生的兩組獨立資訊，彙整於統一的資料管理平台。

儘管有這樣的願景，卻沒有多少企業構想出資料行銷的最佳方法，多半都投入了大量的技術，但尚未獲得資料生態系的完整益處。資料行銷實務的失敗，主要歸結為三項原因：

1. 企業往往把資料行銷當成資訊科技（IT）專案。在開始推動這個行銷過程時，他們過度著重於選擇軟體工具、進行基礎設施投資和聘請資料科學家，但資料行銷應該是行銷專案才對。IT 基礎設施要配合行銷策略，而不是行銷策略配合 IT 基礎設施。這不僅代表行銷人員要成為專案的贊助，行銷人員更應該負責界定、設計整個資料行銷過程。正如許多市場研究人員的看法，資料量愈大並不等於洞見就會愈好。關鍵在於設定明確的行銷目標，才不會迷失於資訊汪洋之中。

2. 大數據分析通常被視為是取得每項顧客洞見、解決每個行銷問題的良方。但大數據並不能取代傳統的市場研究方法，尤其是那些高感動的方法，例如民族誌、可用度測試或口味測試。實際上，大數據和市場研究理應相輔相成，因為資料行銷兩者皆要。市場研究是針對特定的狹隘目標定期進行。另一方面，大數據的蒐集和分析則是即時進行，以隨時隨地改善行銷效果。

3. 大數據分析工具帶來了自動化的美好願景，因此企業認為一旦準備好分析工具，一切就等於水到渠成。企業盼望行銷人員可以把大型資料集，倒入名為演算法的黑盒子後，便立即得到問題的答案。現實是，即使是資料行銷，行銷人員仍然需要親力親為。雖然機器可以發現人類無法辨識的資料型態（data pattern），但仍需要既有經驗又有背景知識的行銷人員，才能篩選和解讀這些型態。更重要的是，可以落實的洞見需要行銷人員設計新的優惠活動，只不過需要電腦的幫助。

步驟1：界定資料行銷的目標

任何專案開始前都要有明確的目標，這似乎是再簡單不過的道理。然而很多時候，資料行銷專案率先展開，目標卻是事後才想到。此外，大多資料專案都流於好高騖遠，只因為行銷人員想一次達成所有目的，結果整個專案變得過於複雜，過去的成果變得難以複製，企業最終只好放棄。

資料行銷的使用案例確實很多、應用範圍也很廣。透過大數據，行銷人員可以發現新的產品和服務理念，以及推估市場需求。企業還可以打造客製化的產品和服務、落實個人化的顧客體驗，而計算正確的定價、建立動態定價模型同樣是以資料導向為基礎。

除了協助行銷人員界定提供的內容之外，大數據還有助於確定提供服務的方式。在行銷傳播中，行銷人員利用大數據進行受眾界定、內容創作與媒體選擇。這對於選擇通路、開發潛在顧客等推式行銷十分有用。此外，這類資料也普遍用於售後服務和留住顧客，大數據就經常用來預測顧客流失率和確定服務補救（service recovery）措施。

儘管有豐富的使用案例，但在著手進行資料導向的行銷工作時，關鍵在於聚焦於一兩個目標即可。一般人生來對於不瞭解的事物都會抱持戒心，而資料行銷的技術含量高，對於組織上下可能是令人望而生畏的未知數。

狹隘目標溝通起來更加容易，因此有助於動員組織內部成員，尤其是那些持懷疑態度的人。它也有助於協調各單位，獲得他們的承諾，並落實問責制度。目標一致也迫使行銷人員思考最有效的績效槓桿，區分工作的優先順序。行銷人員選擇影響最大的目標時，企業就能快速取得實質益處，因此也較早得到眾人的認同。

藉由設定明確的目標，資料行銷方式就會成為可衡量、可問責的計畫，參見圖 8.2。資料分析產生的洞見也會更可

圖 8.2　資料行銷的參考目標

內容	方式
• 發掘全新的產品與服務理念	• 界定目標受眾
• 推估產品與服務的市場需求	• 決定適當的行銷訊息與內容
• 推薦下次購買內容	• 選擇適當的媒體組合來溝通
• 打造客製化產品與服務	• 選擇上市的通路組合
• 個人化顧客體驗	• 剖析顧客以開發和培養潛在顧客
• 決定新產品的適當定價	• 設計客服層級
• 推動動態定價策略	• 找出潛在客訴與顧客流失率

執行、帶動具體的行銷改善工作。

步驟2：確定資料的需求與取得

在數位時代，資料量正在倍數成長。不僅細節不斷加深，類型也持續擴大。然而，並不是所有資料都具有價值又相關。企業聚焦於特定目標後，必須開始確定合適的資料，加以蒐集和分析。

大數據的分類沒有單一的正確方法，但一項實用的方法是按照來源畫分：

1. 社群資料，包括社群媒體使用者分享的所有資訊，例如位置、人口統計資料、興趣愛好等。

2. 媒體資料，包括電視、廣播、印刷品和電影等傳統媒體的閱聽率。
3. 網路流量資料，包括使用者瀏覽網路產生的所有紀錄檔，例如頁面瀏覽、搜尋和購買。
4. POS 和交易資料，包括顧客進行的所有交易紀錄，例如地點、金額、信用卡資訊、購物內容、時間點，甚至顧客編號（Customer ID）。
5. 物聯網資料，包括連接裝置和感測器蒐集的所有資訊，例如位置、溫度、濕度、鄰近其他裝置與生命徵象等。
6. 互動資料，包括企業與顧客互動的所有直接接觸點，例如電話客服中心資料、電子郵件往來和聊天資料等。

行銷人員需要研擬出資料蒐集計畫，列出達標前必須獲取的每項資料。資料矩陣便是一個十分實用的工具，可以將所需資料與目標相互對照。行銷人員橫向觀察資料矩陣時，便可以確定自己是否有足夠的資料來實現目標。為了獲得有效的洞見，他們需要資料多重檢核：即運用多個資料來源來促進一致的理解。行銷人員縱向觀察資料矩陣

圖 8.3 資料矩陣框架

目標	必要分析	資料來源					
		社群資料	媒體資料	網路資料	POS資料	物聯網資料	互動資料
選擇適當的媒體組合推動行銷傳播	受眾剖析與界定	X	X	X	X	X	X
	顧客旅程製圖	X	X	X	X	X	X
	內容分析	X		X			
	媒體習慣	X	X	X			
	集客行銷	X		X	X		X

資料多重檢核

分析焦點

時，則有助了解自己要從每個資料來源中，提取哪些資訊，參見圖 8.3。

前面列表中提到的部分資料類型，例如交易與互動資料，都屬於是內部所有，可供行銷人員取得。然而，並非所有的內部資料都可以使用。根據紀錄是否條理分明和維護情況，可能需要進行資料清理（data cleansing），包括修正不準確的資料集、合併重複的資料，以及處理不完整的紀錄。

其他資料集（譬如社群和媒體資料）則屬於外部資料，必須透過第三方服務商取得。有些資料也可能來自價值鏈合作夥伴，例如供應商、物流公司、零售商和外包公司等。

步驟3：建構整合良好的資料生態系

大多數資料導向的行銷計畫起初都是靈活的臨時方案。然而長遠來看，資料行銷必須成為日常的業務。為了確保資料蒐集工作獲得維護並持續更新，企業必須建立一個資料生態系，整合所有外部和內部資料。

資料整合的最大難題，莫過於在所有資料來源中找到共同點。最理想的狀況是就個別顧客整合資料，進而實現一人市場行銷。唯有良好的紀錄保存實務，才能確保手中顧客資料集都連結到獨特的顧客編號。

使用顧客編號就內部資料來源來說十分簡單，但假如面對外部資料，這就成了一項雖可行但高難度的工作。舉例來說，如果顧客使用其社群媒體帳戶（如 Google 或 Facebook）登錄電子商務網站，社群資料便可以與顧客編號和購買資料進行整合。另一個資料整合的例子，就是把顧客忠誠度應用程式連接到智慧信標（beacon）感測器。每當攜帶手機的顧客靠近感測器時，例如在零售過道中，感測器就會記錄其動向。這對於追蹤實體地點的顧客旅程非常有用。

然而，有時基於隱私的考量，不可能將一切都與個別顧客編號綁在一起。折衷方案就是使用特定的人口區隔變因當作最大公約數，例如「18 ～ 34 歲男性顧客」這個市場名稱就可以當成獨特身分，整合不同資料來源的特定族群資訊。

每個動態資料集都應該儲存於單一的數據管理平台，好讓行銷人員能夠全面地採集、儲存、管理和分析資料。凡是設立新目標的資料行銷專案，都應該繼續使用同一個平台，進一步充實資料生態系，只要企業決定運用機器學習來自動分析，就能從中獲益。

總結：建構資料生態系、改善目標界定

大數據的興起改變了市場區隔和目標界定的樣貌，而顧客資料的廣度和深度正持續倍增。媒體資料、社群資料、網路資料、POS 資料、物聯網資料、互動資料都可以構成豐富的個別顧客檔案，讓行銷人員得以展開一人市場行銷。

在數位時代，問題不再是缺乏資料，而是如何辨識重

要資料。這就是為何資料行銷必須從界定具體的狹隘目標開始。按照這些目標，行銷人員便能獲取相關資料集，並整合到一個資料管理平台，連結分析工具或機器學習引擎。由此產生的洞見，往往可以促成更精準的行銷優惠和活動。

然而，資料行銷絕不應該當成 IT 計畫來進行。強大的行銷領導團隊應該帶領這個專案、統籌協調企業資源，其中包括 IT 部門的支援。組織中每位行銷人員的參與同樣不可或缺，因為資料行銷不是萬靈丹，而且也絕對不會自然而然地發生。

行銷人的課題

- 想想看，如何透過更好的資料管理來改善企業的行銷實務，有哪些唾手可得的成果？
- 你如何針對自家的產品和服務進行市場區隔？運用組織的資料，打造落實一人市場的藍圖。

第 9 章

預測行銷

超前部署預見市場需求

2001 年美國職棒大聯盟賽季結束後，奧克蘭運動家隊（Oakland Athletics）因自由球員制度流失了三名重要球員。在預算有限的情況下，該隊面臨著找新球員的壓力，當時經理比利．比恩（Billy Beane）轉而利用分析工具來為下個賽季建立一支強大的球隊，可是該隊並沒有使用傳統的球探和內部資訊，而是使用了賽伯計量學（sabermetrics），即針對比賽中的統計資料進行分析。

透過分析，奧克蘭運動家隊發現，相較於較傳統的進攻統計資料相比，上壘率和長打率等被常被低估的指標可以更精準地預測表現。由於其他球隊都沒在招募具有這些特質的球員，這項洞見讓該隊能夠招募到實力遭低估的球員，卻又可以支付相對較低的薪水。這則令人稱奇的事蹟後來由麥可·路易斯（Michael Lewis）寫成一本書，並由導演班奈特·米勒（Bennett Miller）翻拍成電影《魔球》（Moneyball）。

這件事吸引了全球其他運動俱樂部與投資人的關注，其中包括波士頓紅襪隊（Boston Red Sox）和利物浦足球俱樂部（Liverpool Football Club）老闆約翰·亨利（John Henry），於是利物浦足球隊就靠著數學模型重整旗鼓。這家足球俱樂部儘管有著輝煌的歷史，當時在英超聯賽（English Premier League）中卻表現得差強人意。根據分析工具的建議，該俱樂部任命尤爾根·克洛普（Jürgen Klopp）擔任總教練，另外又招募部分球員進入球隊，後來贏得 2018 ～ 2019 年歐冠聯賽（UEFA Champions League）和 2019 ～ 2020 年英超聯賽。

這兩則故事可謂預測分析工具本質的縮影，可以讓企業在市場動向發生之前就搶先預見。傳統上，行銷人員仰賴敘述型統計資料解釋過去行為，並利用自身的直覺對即將發生的事做出明智的猜測。在預測分析工具中，大部分分析工作是由人工智慧所完成。過去資料載入機器學習引擎中，以顯示特定的模式，這就稱作預測模型。一旦把新資料輸入模型，行銷人員便可以預測未來的結果，例如哪些族群可能會消費、哪類產品會賣得掉、或哪些行銷活動會奏效。由於預測行銷大幅依賴數據，因此企業通常會在已有的資料生態系基礎上，打造這項能力，參見第 8 章。

有了遠見，企業就可以更主動地進行前瞻投資。例如，企業可以預測目前交易額不大的新客戶是否會變成大客戶，這樣就能最佳化投入資源的決策，以開發特定客戶。在將過多資源分配到新產品開發之前，企業還可以利用預測分析工具來協助篩選點子。總而言之，預測分析工具能提升行銷的投資報酬率。

建立預測模型並不是嶄新的主題。多年來，資料行銷人員打造迴歸模型，設法尋找行動與結果之間的因果關係。但有了機器學習，電腦不需要資料科學家的預設演算法，就可以自行發掘規律與模型。從機器學習「黑盒子」中產生的預測模型，往往超出人類的理解與推理能力，而這正是一件好事。如今行銷人員在預測未來時，不再侷限於過去的偏見、假設與狹隘的世界觀。

預測行銷的應用

預測分析工具運用並分析過去的歷史資料。但這項方法超越了敘述型統計，這項傳統統計對於回溯報告企業過往業績、解釋背後原因非常有用，可是放眼未來的企業不僅僅想知道過去的事實。預測分析也超越了即時分析，即時分析往往適用於場景行銷的快速回應（見第 10 章）或敏捷行銷的行銷活動測試（見第 12 章）。

預測分析工具會檢查顧客過去的行為，以評估他們在未來展現類似或相關行為的機率。它還能發現大數據中的細微模式，由此建議最佳行動方案。這類分析非常未來導向，可以幫助行銷人員洞燭先機、提前準備行銷對策，進而影響結果。

預測分析工具是超前部署與預防措施的關鍵，正好適合行銷計畫。行銷人員藉助預測分析工具，就等於擁有了強大幫手，可以提升決策能力，參見圖 9.1。行銷人員現今可以確定可能發生的市場場景、值得開發的顧客。他們還

圖 9.1　預測行銷應用

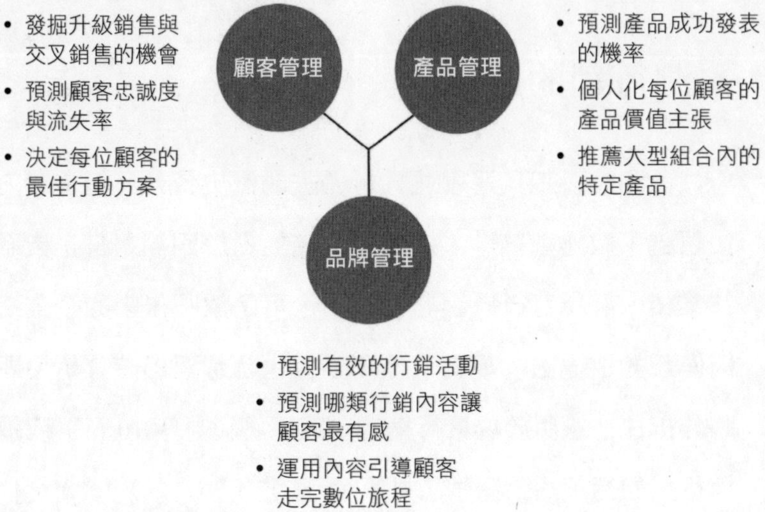

• 發掘升級銷售與交叉銷售的機會
• 預測顧客忠誠度與流失率
• 決定每位顧客的最佳行動方案
顧客管理
產品管理
• 預測產品成功發表的機率
• 個人化每位顧客的產品價值主張
• 推薦大型組合內的特定產品
品牌管理
• 預測有效的行銷活動
• 預測哪類行銷內容讓顧客最有感
• 運用內容引導顧客走完數位旅程

可以在推出行銷活動和策略前，評估何者具有最高的成功機率，從而大大降低失敗的風險。

預測型顧客管理

不曉得顧客未來會帶來多少營收，卻得先界定顧客、提供服務，無非是行銷投資的噩夢。行銷人員需要決定是否花費獲客成本與服務成本，例如廣告、直效行銷、顧客支援和管理，以獲得顧客和培養忠誠度。預測分析工具可以藉由估算顧客價值，協助改善行銷人員的決策。

用於顧客管理的預測模型稱作顧客權益模型，衡量的是顧客終身價值（customer lifetime value, CLV），即顧客與企業整體關係中，所產生的預計淨收入現值。這個模型針對投資報酬率提供了前瞻性的長期見解，這點極為重要，因為獲客成本太高，大多數顧客可能在頭兩年內無法帶來利潤。

這個概念最適用於企業對企業（B2B）與經營長期顧客關係的服務公司，例如銀行和電信業者。服務企業客戶的公司有大量的獲客開銷，特別是花在貿易展覽和銷售人員的成本。同理可證，銀行在廣告和開戶紅利上花費大量資金，而電信商則向來以行動裝置補貼來搶客而聞名。對於這些產業業者，單次交易與短期關係的行銷成本太高。

分析工具在估算顧客終身價值中的作用，在於預測顧客對升級銷售和交叉銷售產品的反應。這些演算法通常以歷史資料為基礎，即哪些產品是由具有相似背景的顧客所購買。此外，行銷人員還可以預測與每位顧客的關係長短。預測分析工具可以偵測顧客的流失，而且更重要的是能發現顧客流失的原因，因此企業可以制定有效的留客策略，防止顧客流失。有鑑於這些原因，預測分析不僅可以提供預報，還可以改善顧客終身價值。

一旦對顧客進行了剖析、計算出顧客終身價值，行銷人員就可以推動下次最佳行動（next-best-action, NBA）的行銷。 這是以客為尊的方法，行銷人員為每位顧客安排了按部就班的明確行動方案。換句話說，這是針對「一人市場」的行銷計畫。藉由從數位行銷到銷售隊伍的多通路互動，行銷人員引導每位顧客從售前、銷售再進展到售後服務。在每個步驟中，預測分析工具可以協助行銷人員確定下一步應該採取的行動，可能是發送更多的行銷資料、進行產品演示或派遣團隊打電話推銷。

更簡單的形式是，企業可以依顧客終身價值落實顧客分級，這基本上就是一種資源分配工具。分級決定了企業應該分配多少資金，進行不同層級的獲客和留客。行銷人員可以優先考慮與哪些顧客建立關係，久而久之也能拉高顧客的層級。

這也成為企業對不同顧客提供不同介面的依據。也就是說，利潤貢獻較高的顧客會獲得專門的顧客支援團隊，而其他顧客則進入自動化數位介面，參見第 11 章。

預測型產品管理

在整個產品生命週期中，行銷人員都可以運用預測分析工具，產品開發構思的階段就能開始預測。根據行銷過的產品中有效特色的分析，企業可以開發出具備一切應有特色的全新產品。

這類預測行銷實務可以避免產品開發團隊失敗後從頭再來。一旦現有產品設計和原型在市場測試、實際推出時成功率較高，行銷人員就會節省大量的開發成本。此外，流行趨勢、潛在買家有感的內容等外部資訊也會進入演算法，讓行銷人員可以比競爭對手提前部署、乘勢而起。

就以 Netflix 為例。這家媒體公司開始打造原創內容，以加強競爭優勢，抗衡不斷崛起的競爭對手，長期下來也可降低其內容成本。而且，Netflix 利用分析技術來主導製作原創影集和電影的決策。舉例來說，《紙牌屋》（House of Cards）開發初期時便已料到只要由凱文．史貝西主演、大衛．芬奇執導、加上取材自英國原創電視劇的政治劇情主題，絕對會一炮而紅。

想從現有組合挑選給顧客的產品服務，預測分析工具也不可或缺。這類預測演算法稱為推薦系統，會根據顧客的紀錄和類似顧客的喜好來推薦產品。意向模型會推估特定顧客看到某些產品時的購買機率，使行銷人員能夠為顧客提供個人化的價值提案。該模型運作的時間愈長，蒐集的顧客回饋資料愈多，推薦的準確度就愈高。

推薦引擎最常出現在亞馬遜或沃爾瑪等零售商網站，以及 YouTube 或 Tinder 等數位服務業者。但該引擎也已進軍其他產業。凡是擁有龐大顧客群、多元產品或內容組合的企業，都會認可產品推薦引擎的價值。該模型會協助企業把產品和市場的匹配過程自動化。

此外，不同產品一起購買使用或相互搭配時，預測推薦模型最能發揮效果。該模型採取所謂的產品關聯分析（product affinity analysis）。舉例來說，買過襯衫的顧客可能會想要順便買搭配的褲子或鞋子。正在閱讀某一則新聞的讀者，可能會想閱讀同一位記者撰寫的其他報導，或進一步了解該主題的相關資訊。

預測型品牌管理

預測分析工具可以協助行銷人員籌畫品牌與行銷傳播

活動，尤其是數位領域的活動。主要的資料分析需求包括：建立完整的受眾檔案、標記過去成功宣傳的關鍵因素。這項分析可用於預測未來有哪些宣傳活動可能成功。由於機器學習是不間斷的過程，品牌經理可以持續評估活動、隨時視情況把細節最佳化。

品牌經理設計廣告創意、開發內容行銷時，可以善用機器學習來衡量顧客對不同文案與視覺組合的興趣。社群媒體和第三方評論網站的情感分析可用於了解顧客對我們的品牌和活動的感受，還可以蒐集資料以了解哪些數位行銷活動的點擊率最高。因此，品牌經理打造的創意與內容才可以產生最佳效果，例如正向情感與高點擊率。

預測分析也可以成為強大的工具，藉此把內容發布給正確的受眾，而產生效用的方式有二：企業可以設計品牌內容、再確定預估成效最高的顧客群，以及何時何地與顧客互動。企業也可以對顧客進行剖析，然後預測哪些內容在顧客旅程中最令顧客有所共鳴。

顧客可能很難在品牌傳播的大量內容中，找到自己真正需要的資訊。預測模型可以找出適當的受眾，內容契合度高、獲得最佳成效，這個問題便迎刃而解。因此，行銷人員可以清理雜亂的內容，針對目標受眾進行細密畫分。

在數位領域，企業可能很容易在多個網站和社群媒體上追蹤消費者的顧客旅程。因此，他們可以預測顧客在數位互動中下一步行動。舉例來說，有了這些資訊，行銷人員便可以設計動態網站，內容根據受眾而有所變化。顧客瀏覽網站時，分析引擎會預測接下來的最佳內容、緩慢提高顧客的興趣，讓顧客的購買意願更高。

建構預測行銷模型

建構預測行銷模型的技術所在多有，從簡單到複雜不勝枚舉。行銷人員會需要統計學家與資料科學家協助建立和開發模型。因此，他們不需要深入了解統計和數學模型。但行銷人員需要了解預測模型背後的基本思維，這樣就可以指導技術團隊選擇該使用的資料與該找出的模式。此外，行銷人員還要協助解讀模型，以及將預測應用到營運流程中。

以下是行銷人員最常用的預測模型分類，涵蓋了不同目的：

簡單預測的迴歸模型

迴歸模型是預測分析中最基本但最有用的工具。該模型評估獨立變項（或解釋型資料）和依變項（或反應型資料）之間的關係。依變項是行銷人員設法達到的結果或目的，例如點擊率和銷售數字。另一方面，獨立變項是影響結果的資料，例如宣傳活動時間、廣告文案或顧客人口統計等。

在迴歸分析中，行銷人員要尋找能夠解釋依變項和獨立變項之間關係的統計方程式。換句話說，行銷人員要試圖理解哪些行銷行動對企業的影響最為顯著，以促進企業取得最佳成果。

與其他建立模型的技術相比，迴歸模型相對簡單，因而成為最受歡迎的技術。迴歸分析可用於許多預測型行銷的應用，例如建立顧客權益模型、傾向模型、流失率檢測模型和產品關聯模型等。

一般來說，迴歸模型要按照數個步驟建立：

1. 蒐集依變項和自變項資料

在進行迴歸分析時，必須統一蒐集依變項和自變項的資料集，並進行充分的抽樣調查。例如，行銷人員可以透過蒐集夠多的顏色樣本，以及由此產生的點擊資料，來研究數位橫幅廣告顏色對點擊率的影響。

2. 找到解釋變項之間關係的方程式

行銷人員使用任何統計軟體，都可以得出最適合資料的方程式。最基本的方程式形成一條直線，這就是所謂的線性迴歸線。另一個常見的是邏輯迴歸，即使用邏輯函數針對二元依變項建模，例如是否購買、留客或流客。因此，邏輯迴歸常用來預測結果的機率，如購買率。

3. 解讀方程式以發現洞見並檢查準確性

想想下面的例子。假設最適合的方程式定義如下：

$$Y = a + bX_1 + cX_2 + dX_3 + e$$

在公式中，「Y」為依變項，而「X_1」、「X_2」和「X_3」為獨立變項。如果沒有獨立變項的影響，「a」是截距，反映了「Y」值。「b」、「c」和「d」是獨立變項的係數，表示變項對依變項的影響程度。在公式中，我們還可以分析誤差項或殘差（以「e」表示）。迴歸公式總是有誤差，因為獨立變項可能無法完全解釋依變項。誤差項愈大，方程式愈不準確。

4. **給定獨立變項、預測依變項**

公式設定好後，行銷人員就可以根據給定的獨立變項來預測依變項。這樣一來，行銷人員就可以預想各種行銷活動的結果。

協同過濾的推薦系統

建構推薦系統最普遍的技術是協作過濾（collaborative filtering），背後的假設是，民眾喜歡類似跟過去購買相似的產品，或喜歡其他具有相同偏好的人所購買的產品。這涉及到顧客對產品評價的協同合作，模型才能發揮作用，因此才稱為協作過濾。這不僅適用於產品、也適用於內容，取決於行銷人員向顧客推薦的目標。

簡而言之，協同過濾模式按照以下邏輯順序來運作：

1. **從龐大的顧客群中蒐集喜好**

為了衡量民眾對產品的偏好程度，行銷人員可以創立社群評價系統，顧客可以單純按讚（類似 YouTube）或給五顆星（像是亞馬遜網站）來評價產品。另外，行銷人員還可以採取反映喜好的措施，例如閱讀文章、觀看影片、把產品添加到待買清單或購物車中。舉例來說，Netflix 就會按照使用者長期觀看的電影推測觀影偏好。

2. **相似顧客與產品分門別類**

顧客評價了類似產品集、表現出類似行為，就可以歸入同一個類型。假設他們屬於相同的心理（基於喜歡／不喜歡）和行為（基於行動）的部分。另外，行銷人員也可以把特定顧客群評價相近的商品進行歸類。

3. **預測顧客可能給予新產品的評價**

行銷人員現今可以根據志同道合的顧客提供的評價，預測顧客對他們沒有見過和評價過的產品所給予的評價。這類推測出來的評價極為重要，對於行銷人員提供顧客可能喜歡、未來最可能購買的合適產品必不可少。

應用於複雜預測的神經網絡

顧名思義，神經網絡大致是模仿生物神經網絡在人腦內部的運作方式，是數一數二普遍的機器學習工具，可以幫助企業建立複雜的預測模型。透過處理大量各種過去的例子，神經網絡模型便能從經驗中學習。如今，神經網絡模型很容易取得。舉例來說，Google 已把具備神經網絡的機器學習平台 TensorFlow 當作為開放原始碼軟體，供所有人使用。

不同於單純迴歸模型的是，一般認為神經網絡是黑盒子，因為人類往往很難解釋內部運作原理。在某種程度上，這類似於人類有時無法解釋自己根據現有資訊做決策的方式。然而，這也適用於從非結構化資料中建立模型，即資料科學家和企業團隊無法確定最佳演算法的資料。

用白話來說，以下步驟足以說明神經網絡的運作方式：

1. **讀取兩組資料：輸入和輸出**

   神經網絡模型包括輸入層、輸出層和中間的隱藏層。類似與我們建立回歸模型的方式，自變項會讀取到輸入層，而依變項則進入輸出層，但不同之處在於隱藏層，隱藏層基本上包含了黑盒子演算法。

2. **神經網絡發現資料之間的關聯**

神經網絡能夠將資料連接起來，從而得出函數或預測模型。這個運作方式類似於人類大腦根據終生學習內容找出連結。神經網絡會發現每個資料集之間的各個模式和關係：相關性、關聯性、相依性與因果結構。其中部分連結可能是以前所未知或隱藏起來。

3. **使用隱藏層產生的模型來預測輸出**

從範例資料得出的函數，可以用來預測既定輸入的輸出。而實際輸出回到神經網絡時，機器會從誤差之處學習，久而久之便能完善隱藏層。因此，這便稱作機器學習。雖然複雜度偏高，機器學習無法反映現實世界的洞見，但源自持續機器學習的神經網絡模型可以極準確地進行預測。

預測模型的選擇取決於既有的問題。問題結構化又容易掌握時，迴歸模型就足夠了。但問題涉及未知因素或演算法時，神經網絡等機器學習方法就會發揮最佳效果。行

▌圖 9.2　預測行銷的運作方式

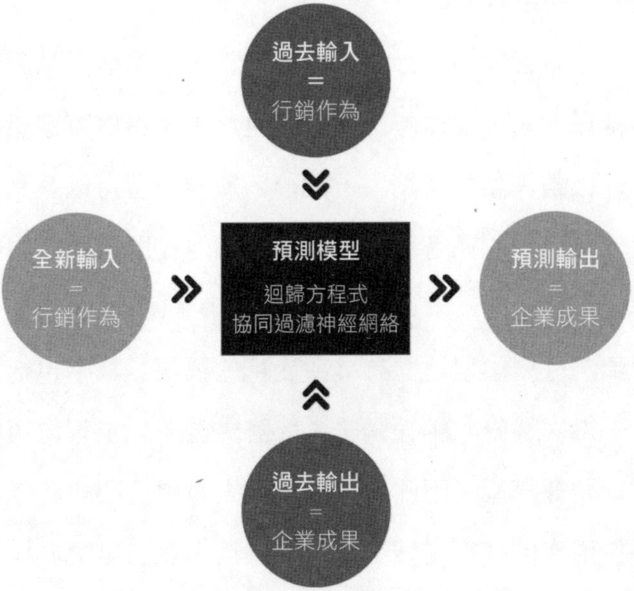

銷人員也可以使用多個模型，找到與現有資料最匹配的模型，參見圖 9.2。

總結：以主動的行動來預測市場需求

資料導向的行銷人員，可以透過預測每個行銷作為的結果來取得先機。在顧客管理中，預測分析工具可以幫助企業在員工就職前，估計潛在顧客的價值，並確定取得和開發顧客的投資多寡。

在產品管理中，行銷人員可以設想上市前產品原型的銷售結果，並決定從廣泛的產品組合中，選擇特定產品線進行升級銷售和交叉銷售。最後，預測模型可以讓品牌經理能分析自己的顧客情感，並決定如何在既有場景中打造品牌。

預測行銷模型建立有幾項流行的技術，其中包括迴歸分析、協同過濾和神經網絡。機器學習或人工智慧可能用來建立預測模型，因此大多數行銷人員會需要統計學家和資料科學家的技術支援。不過，行銷人員必須對於模型運作原理、如何從模型中提取洞見，具有策略上的整體理解。

行銷人的課題

- 你的組織是否已利用預測分析工具展開行銷？拓展預測行銷的全新應用範圍。
- 你會如何部署預測行銷、加以整合到營運流程中？預測模型會如何在組織內社群化？

第 10 章

場景行銷

打造個人化的感知與回應體驗

2019 年，連鎖藥局沃爾格林開始測試智慧冰櫃，結合了相機、感測器和門上的數位螢幕，能顯示冰櫃內產品與個人化廣告。儘管基於穩私的理由，此科技無法辨識人臉和儲存身分，但仍能預測買家的年齡與性別。這個冰櫃運用臉部偵測系統，推斷靠近門邊的買家屬於哪個人口族群、當下情緒為何，還利用眼動儀與動作感測器來評估買家是否有興趣。

人工智慧引擎結合這些洞見與天氣或當地活動等外部資訊，便可以選擇特定的產品和促銷活動顯示於面板上。

冰櫃還可以追蹤購物者挑選的商品，並在關門後推薦另一項類似產品。正如所料，冰櫃蒐集了很多關於購物者行為的資料，以及有效的產品包裝或宣傳活動。

Cooler Screens 提供的智慧冷櫃系統帶來了多項優勢。沃爾格林安裝了該系統的店面中，客流量與購買量雙雙成長。該連鎖藥局還從投放廣告中獲得了額外的營收。此外，該科技還可以快速改變價格和促銷活動，以達到實驗的目的。這使品牌能夠監控庫存，以及獲得最新活動的回饋。

這類動態廣告和場景內容模型在數位行銷領域並不新奇。各家品牌向來都用它來根據顧客的網頁瀏覽歷史推播客製化廣告。隨著智慧冷櫃的出現，這個模型被帶到了零售領域，從本質上打通了實體和數位世界。如今，行銷人員可以在即至科技的幫助下，以自動化的方式進行場景行銷（contextual marketing，亦譯作情境行銷）。

其實，物聯網和人工智慧等即至科技的長期目標是複製人類的場景意識。專業的行銷人員可以在正確的時間和地點，針對適當的客戶提供適當的產品。經驗豐富的銷售人員由於建立了長期關係，因此對於顧客有深刻的了解，可以量身打造每位顧客的服務，目的是在物聯網和人工智慧的支援下，大規模地提供這類場景體驗。

建構智慧感測基礎設施

人類透過掃描環境中的感官線索來發展場景意識。我們可以透過觀察別人的面部表情和手勢來判斷他們的情緒，也知道對方是否受不了我們，或是喜歡跟我們相處。電腦想做到同樣的事，就需要各種感測器來蒐集所有的線索，供人工智慧處理。

在POS運用距離感測器進行場景回應

打造人工智慧場景行銷的第一步，便是建立感測器和與裝置的整合生態系，這對於端點銷售管理系統（point-of-sale, POS）格外有用。POS 使用最普遍的感測器是信標，即與鄰近裝置通訊的低功率藍牙發射器。只要在任何實體機構中設置多個信標，行銷人員便可以精確定位顧客的位置、追蹤動向。感測器還可以幫助行銷人員對連接裝置發送個人化內容，譬如推播通知。

企業需要確定哪些特定條件會觸發感測器執行上述行

動，最好的環境觸發因素是顧客的出現。然而，其中難題在於如何識別顧客的身分或檔案，以確保回應符合個人化。舉例來說，適當年齡與性別資料的顧客接近某零售店貨架時，也許就能發送客製化折扣優惠。天氣等環境變因也可以成為環境觸發因素。外面天氣炎熱時，也許是打冷飲廣告的最佳時機，參見圖 10.1。

為了讓場景行銷奏效，行銷人員需要利用顧客絕對擁有的裝置來定位。智慧型手機就是可能的選項，畢竟智慧型手機已成為高度個人化的裝置，顧客總是隨身攜帶。對很多人來說，這項裝置逐漸取代皮夾、鑰匙和相機。最重要的是，智慧型手機具備多元的感測器，而且都透過藍牙或行動網路連接。如此一來，手機就可以與感測器進行連接與通訊。

具有特定手機應用程式的顧客接近時，信標（beacon）或距離感測器就會主動推播訊息給顧客。舉例來說，顧客安裝了某家零售商的應用程式，並使用個人資訊登入。一旦手機靠近、觸發信標，信標就能發送客製化資訊。

想像一下，如果在零售商店貨架、主題樂園、商場、飯店、賭場或其他任何實體機構都安裝了信標。企業可以

▌圖 10.1　場景行銷運作機制

感測器偵測
到顧客接近
感測器得知
顧客相關資訊
人工智慧處理
資料來辨識／
剖析顧客
人工智慧提供
個人化回應
使用者介面顯示
該回應

利用顧客手機作為導航工具，在消費者經過實體場所時提供資訊與促銷，等於為消費者打造了高度場景化的顧客旅程。梅西百貨、目標百貨、CVS 和其他主要零售商都在使用信標科技，以達成這個目標。

智慧型手機可以由穿戴裝置（甚至未來的植入式裝置）所取代。智慧型手機製造商一直在積極提供智慧手表、耳塞和健身手環，這些裝置很可能更加個人化。雖然還沒有像智慧型手機那樣普及，但特定穿戴裝置的前景看好，因為它們還記錄了顧客的細微動作與健康資訊。舉例來說，迪士尼和梅約診所（Mayo Clinic）就利用無線射頻辨識系統（RFID）追蹤、分析民眾的位置和動向。

利用生物辨識促進個人化舉措

另一個常見的場景觸發因素就是顧客本身。在缺乏個人裝置的情況下，顧客只需露出臉部就可以觸發以位置為主的行動。正發展中的人臉辨識功能讓公司不僅能夠估計人口分布資料，而且能夠在資料庫中記錄個人身分，供日後辨識。這讓行銷人員提供合適的場景給合適的人選。

類似沃爾格林智慧冰櫃的例子還有特易購，該超市也開始在英國的加油站安裝人臉辨識科技。攝影機會捕捉司機的臉部，人工智慧引擎會預測年齡和性別。司機在等待加油時，將看到專門針對該族群的廣告。

良品鋪子（Bestore）是中國的一家連鎖休閒食品商，利用阿里巴巴的人臉辨識資料庫來掃描和辨識同意讓出個資的顧客。這項科技可以讓店員在顧客進店的那一刻，就從阿里巴巴的資料看到顧客喜歡的零食。這樣一來，店員就可以為每位購物者提供合適的產品。人臉辨識技術不僅用於顧客身分識別，這家零售連銷商還使用支付寶的「微笑付款」人臉辨識付款系統進行店鋪結帳。

人臉辨識功能現在也能夠檢測一般人的情感。人工智慧演算法可以藉由分析影像、已錄製影片和現場攝影機中的臉部表情來推敲情緒。該功能有利行銷人員，即使沒有真人在場觀察，也能了解顧客對產品與活動的反應。

因此，情感檢測常用於線上訪談與焦點小組的產品概念和廣告測試。受訪者分享網路攝影機的使用權限後，得觀看一張圖片或一段影片，他們的臉部反應則成為分析內容。舉例來說，家樂氏（Kellogg's）使用新創企業 Affectiva 的臉部表情分析來開發纖穀脆（Crunchy Nut）的廣告。該公司追蹤觀眾在第一次觀看和重複觀看廣告時，覺得有趣和受到吸引的程度。

迪士尼藉由在電影院安裝攝影機來實驗情感檢測技術，追蹤整部電影中數百萬個臉部表情，就可以了解觀眾對每個場景的喜愛程度，以協助改進未來電影的製作過程。

由於這項技術具有即時分析的特性，因此可以依觀眾反應提供相應的內容。最明顯的使用案例會是戶外廣告招牌上的動態廣告。海洋戶外（Ocean Outdoor）這家廣告公司在英國安裝了內建攝影機的廣告招牌，偵測民眾的情緒、年齡和性別，從而帶來精準投放的廣告。

另一個開發中的使用案例是針對汽車駕駛。部分汽車製造商開始測試人臉辨識技術來提升駕駛體驗。在辨識出車主的臉部後，汽車可以自動打開、發動，甚至播放車主的最愛歌單。而一旦檢測到車主臉部出現倦容時，也可以建議車主休息一下。

相關的技術還有眼動儀。憑著這項技術，企業可以根據眼球的移動軌跡來了解觀眾看到廣告或影片時的注視點。行銷人員等於可以建立一張熱區圖，了解廣告中哪些區域能引發更多情緒也更為吸睛。皇宮度假村（Palace Resorts）便在行銷活動中利用了眼動追蹤技術。這家餐旅企業架設一個微型網站，遊客可以在這裡進行影片測驗，同意讓網路攝影機進行眼動追蹤。遊客得從兩個結合多種節日元素的影片擇一。根據他們視線的方向，該網站會推薦最符合遊客喜好的度假村。

語音是辨識人類、觸發場景行為的另一項方式。人工智慧可以分析語音的特質，包括速度、短暫停頓與聲調，進而辨認其中的情感。美國醫療保險業者哈門那（Humana）在客服中心運用 Cogito 的語音分析判斷來電者的心情，接著向客服人員建議對話技巧。舉例來說，來電者聽起來很煩躁時，人工智慧引擎會提醒客服人員改變對話方式，這就是即時指導客服人員與來電者建立更好的連結。

英國航空公司（British Airways）則設法了解乘客在飛機上的心情，推出了「幸福毯子」（happiness blanket），可以根據乘客的心理狀態改變顏色。這條毯子附有一條頭帶，可以監測腦波，判斷乘客是焦慮還是放鬆。這項實驗幫助該航空公司了解乘客在整趟航程中的心情變化，包括觀看機上影視節目、使用飛機餐服務或睡覺時的狀態。最重要的是，這項技術能讓空服人員快速找出不開心的乘客，進而想辦法改善他們的心情。

從臉部表情、眼球軌跡、聲音與神經訊號來偵測心情，還不是當前行銷應用的主流，但勢必會是未來場景行銷的關鍵。除了基本的人口統計資料外，了解客戶的心理狀態也至關重要。

打造直達顧客端的通路

物聯網也滲透到顧客家中。舉凡居家保全系統、家庭娛樂和家用電器，一切都與網路相連。智慧家居的興起為行銷人員提供了一個通路，使他們能夠直接在顧客的住家推廣產品和服務，有助行銷愈來愈接近消費端點。

對於行銷人員來說，顧客住家內不斷成長的通路是亞馬遜 Echo、Google Nest 和蘋果 HomePod 等智慧音響。每款都有智慧語音助理支援，分別是 Alexa、Google Assistant 和 Siri。這些智慧音響本質上就像音控的搜尋引擎，顧客可以提問、查找資訊。就像搜索引擎一樣，它們藉由大量的問題中，了解更多有關屋主的習慣和行為，隨後就會變得更加聰明。因此，這極具潛力成為強大的場景行銷通路。

運用這些智慧音響系統的行銷仍處於早期階段，因為目前在任何平台上都沒有直接的廣告。然而，依然可能採取許多變通的方法。例如，亞馬遜 Echo 讓使用者能強化 Alexa 的特定功能，提升語音助理的實用性。P&G 和湯廚（Campbell's）等企業則逐漸推出與產品相關的能力。針對 Tide 品牌，P&G 便推出了一項 Alexa 的功能，可以回答數百個關於洗衣的問題。Campbell 所發表的 Alexa 功能則是提供食譜查詢的答案。顧客提出這些問題並得到答案後，品牌的知名度便會提升、消費者購買意願也隨之增加。

多數智慧家電還會提供螢幕的空間用於促銷。三星的

Family Hub，配備觸控螢幕的冰箱，讓買家可以直接在應用程式 Instacart 建立購物清單和買菜。顧客還能運用這個智慧冰箱叫 Uber，或在 GrubHub 選擇外送餐點。如此聰明的家電生態系讓行銷人員能隨傳隨到，及時提供適當的產品和服務給需求急迫的顧客。

居家裝置相連最為先進的應用當屬 3D 列印。這項科技由於造價高昂、技術複雜，因此仍處於起步階段。但各家企業在研究不同的方式，盼望把 3D 列印推向主流市場。2014 年，好時巧克力公司（Hershey）與 3D 系統公司（3D Systems）推出巧克力 3D 列印機「CocoJet」，讓使用者可以列印出不同形狀的巧克力，並且在巧克力棒上印製個人化字樣。這類科技拉近了生產端與消費端的距離。

場景行銷固然在企業對顧客（B2C）模式較為普遍，但其實非常有機會應用於企業對企業（B2B）的場合。由於以 B2B 為主的企業不見得有零售通路，因此物聯網感測器都安裝於顧客端的產品上。舉例來說，重型設備的製造商便可以把感測器安裝於用來監控效能的機器中。接著，企業能提供場景資料給顧客，以便進行定期的預防保養，最終還能節省成本。

打造三個層次的個人化體驗

數位世界的客製化和個人化相當直截了當。行銷人員利用顧客的數位資訊，提供符合顧客檔案的動態內容。在實體空間，客製化和個人化過去大幅仰賴具人情味的互動。隨著物聯網和人工智慧基礎設施的建立，企業可以將數位能力帶入實體世界、客製化行銷活動，而無需過多真人介入。

客製化行銷可以在三個層次上進行。第一個層次是資訊行銷，即行銷人員提供合適的行銷傳播訊息、產品選擇或價格促銷。第二個層次是互動式行銷，即行銷人員創造雙向溝通介面的通路，運用智慧裝置與顧客進行互動。最後的層次是沉浸式行銷，即行銷人員讓顧客深度參與感官體驗。

第一層次：個人化資訊

適地行銷的狹義應用是最常見的資訊行銷類型，它利用的是高價值的詮釋資料（metadata）：地理位置。這些資料通常是透過顧客智慧型手機的全球定位系統（GPS）來擷取。對於室內使用來說，地理位置資料可以使用距離感測器或信標進一步強化。

有了這些資料，行銷人員通常會進行電子圍籬（geofencing）行銷實務，即在特定的熱門地點（point of interest），例如零售店、機場、辦公室和學校的周圍設立虛擬的邊界，向範圍內受眾播送特定資訊。所有主要社群媒體廣告平台Facebook 和 Google 都提供了電子圍籬的技術，代表行銷活動可以指定區域來進行。

企業可以利用電子圍籬，把附近地點或競爭對手地點的車流引到自家店面，並提供促銷優惠。像絲芙蘭（Sephora）、漢堡王和全食超市（Whole Foods）等企業都懂得使用適地行銷。舉例來說，漢堡王推出「繞道買華堡」（Whopper Detour）的宣傳活動，在全美 1 萬 4 千多家麥當勞門市以及 7 千多家自己門市周圍建立了電子圍籬。漢堡王手機應用程式的使用者可以用一美分訂購一份華堡，但前提是他們必須在麥當勞門市附近。一旦下單，使用者就會獲得路線指引，從麥當勞門市前往附近的漢堡王門市，專程購買他們的華堡。

第二層次：客製化互動

互動式的場景行銷可以細分多層。在適地行銷優惠中，顧客並沒有直接接到推銷電話，而是有機會對他們收到的適地訊息作出回應。根據回應，企業會發送另一條訊息，等於創造了對話。透過這項方法，企業可以提供消費者合適的激勵或合適的報價，引導消費者進入顧客旅程的下一階段，即從消費意識轉換為消費行動。這項方法的好處是，顧客在更全面的旅程中體驗了數次互動，便會有更大的購買欲望。

為了提升場景行銷的互動性，企業可以利用遊戲化的原則。Shopkick 是一款購物獎勵應用程式，與美國老鷹（American Eagle）等多家零售商合作，設法提供購物者掏錢的誘因。這款應用程式在顧客旅程的每個步驟都提供獎勵，購物者從走進商店、掃描條碼以了解更多產品資訊、到試穿衣服都會獲得獎勵。

再看看連鎖美妝商店絲芙蘭的例子。該企業讓顧客在店內諮詢，事後追蹤適地優惠，提升場景行銷的互動性。這個過程從顧客試用絲芙蘭虛擬藝術家便已開始：該擴增實境工具，可以透過線上或實體店內的自助機台，讓顧客看到化妝品擦在臉上的效果。顧客在商店附近時，會收到通知提醒他們去參觀並預約店內諮詢，因此更有可能購買產品。

第三層次：完全沉浸式體驗

個人化的最終層次是行銷人員可以在感測器和其他技術（如擴增實境或機器人技術）的幫助下，提供完全沉浸於實體空間的體驗，重點便是讓顧客在實體店面內時，周圍都環繞著數位體驗。

舉例來說，大型零售商利用地理定位資料和擴增實境提供沉浸式的店內導航。以羅威的手機應用程式為例。購物者可以在應用程式內建立一個購物清單，然後添加自己想要購買的商品。完成後，購物者可以啟動擴增實境功能，螢幕上就會出現一條黃色路線，疊在眼前的地面上。這條路線會依最短距離引導顧客前往清單上的商品。

時尚品牌如拉夫・勞倫（Ralph Lauren）等正利用智慧試衣間，提供實體世界中的沉浸式數位體驗。顧客可以將自己喜歡的時尚單品帶到試衣間，並與數位鏡子互動。透過 RFID 技術，所有帶到試衣間的單品都會即時顯示在螢幕上，顧客可以選擇不同的尺寸和顏色，店員會把商品帶到試衣間，甚至推薦特定的款式。

沉浸式場景行銷的目的，就是模糊實體世界和數位世界的邊界，好讓顧客感受到無縫接軌的全方位通路體驗。如此一來，我們就可結合數位科技的個人化力量與實體店面的體驗本質。

總結：打造個人化的「感知與回應」體驗

物聯網和人工智慧結合後威力強大，目標是在實體世界打造場景行銷體驗。數位媒體的原生功能就是按照顧客資料展開動態行銷，數位行銷人員可以輕鬆地以自動化的方式來客製化行銷內容。過去場景行銷在實體空間的應用，往往依賴於第一線員工解讀顧客心思的能力。在物聯網和人工智慧的幫助下，這樣的情況已不復存在。

想要建立人工智慧驅動的場景行銷，最關鍵的因素是建立由感測器和裝置連結而成的生態系，無論是 POS 系統或顧客端皆然。一旦基礎設施到位，行銷人員只需要界定

圖 10.2　場景行銷的觸發條件與相應行動

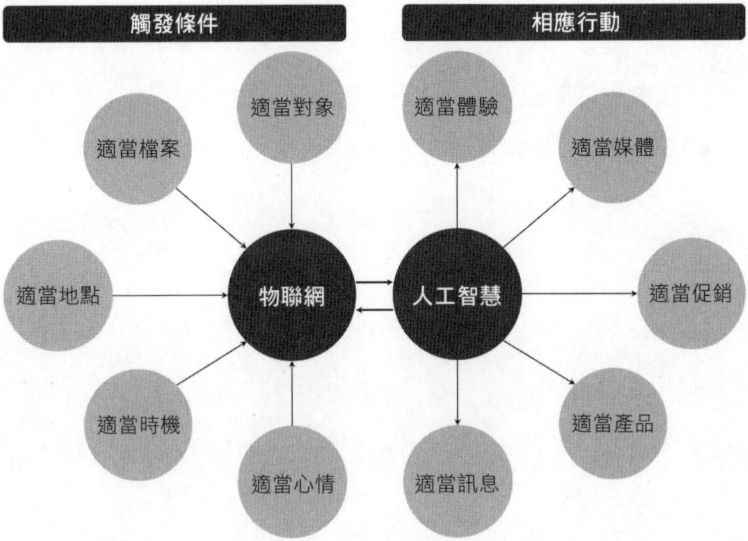

觸發條件和相應行動。凡是具有適當特徵的顧客靠近感測器時，行銷人員可以了解更多相關資訊，提供具備正確資訊的適當產品。行銷人員還可以跟他進行互動，甚至開發沉浸式顧客體驗，參見圖 10.2。

行銷人的課題

- 想一想，你會如何在組織中利用場景行銷科技？哪些機會可以結合物聯網和人工智慧的應用？
- 探討如何根據對顧客的即時了解來個人化行銷手法。

第 11 章

增強行銷

落實科技帶動的真人互動

1990 年代末期，當時頭條新聞絕對包括 IBM 開發的「深藍」（Deep Blue）與西洋棋特級大師蓋瑞・卡斯帕洛夫（Garry Kasparov）之間的棋局，堪稱人類與機器的典型對決。1997 年，這台超級電腦最終成為西洋棋比賽中第一台擊敗衛冕世界冠軍的機器。雖然在一年前，卡斯帕洛夫其實拿下了首場比賽的勝利，但後來輸掉比賽卻成為棋壇內外津津樂道的焦點。

許多專家將這場勝利歸結為機器的智慧超群。當時深藍每秒可以運算兩億個棋位，遠遠超越任何人類的能力。

卡斯帕洛夫自己也承認，他在比賽時覺得「深藍」的能耐難以捉摸。與真人對手對弈時，他可以讀懂對方的臉部表情和肢體語言，因此比較容易預測他們的想法。

事後，包括卡斯帕洛夫在內的許多棋手都很好奇，自己是否可以藉助身邊的電腦加強自己的棋藝，這促成了所謂進階西洋棋或自由西洋棋的比賽形式：比賽中，人類棋手可以先與電腦諮詢，再決定自己的下一步棋。2005 年的一項創舉發人深省：在一場西洋棋特級大師與超級電腦較勁的比賽中，最終竟然是兩位業餘棋手史蒂文．克蘭頓（Steven Cramton）和查克瑞．史蒂芬（Zackary Stephen）靠著三台普通電腦而獲勝（隊名為查克斯隊，Team ZackS）。

決賽前，數位特級大師在電腦的幫助下，已擊敗了大多數超級電腦。唯一業餘隊伍是查克斯隊，他們同樣過關斬將，擊敗了部分超級電腦。決賽中，查克斯隊戰勝了由特級大師和超級電腦組成的隊伍，兩位業餘選手把電腦訓練得非常厲害，超越任何大師或自學電腦。

這件事經常有人拿來佐證一項論點：人機協作必定勝過人類專家或強大機器。關鍵是要找到兩者的最佳共生關係。現今，超級電腦還遠遠不能複製極度細膩的人類智能，通用人工智慧的夢想要實現仍遙遙無期（參見第6章），但電腦對於接手人類的特定工作十分擅長。科技專家並沒有製造出能夠包辦一切的機器，而是專注於開發數個有限的人工智慧應用，這些應用中的機器性能均超越人類。

人類只要能確切知道訓練電腦的內容與方法，就能夠充分發揮電腦的潛力。這個前提促成了人稱「智慧提升」（Intelligence Amplification, IA）的技術開發潮流。相對於以複製人類智力為目標的人工智慧，智慧提升旨在運用科技來強化人類的智慧，由強大的運算分析支援，但人類仍然是最終決策者。

在行銷上，最適合智慧提升應用的領域，當屬仍由人類主導、電腦只能輔助的領域。因此，增強行銷著重於大量涉及人與人互動的行銷活動，例如銷售和客服。在這些人力資源密集型的工作中，科技的角色是處理低價值的任務，協助人類做出更明智的決策，以提高生產力。

建構分層的顧客介面

顧客介面（顧客與企業的溝通方式）是顧客體驗的重

要一環。在餐旅、醫療、專業服務，甚至高科技等產業中，部分顧客介面主要是由真人來打頭陣。禮賓人員、護理師、顧問和重要客戶經理都是各自領域的重要資源，機器比不上他們提供適當體驗的能力。然而，想要讓這些專業人士有出色的表現，需要花費數年的時間去招聘、培養個別的能力。這種情況使得企業的規模化面臨挑戰，等於產生了成長的侷限。

增強行銷替這個問題提供了一項解決方案。數位介面將提供全新的替代方式，讓顧客能與品牌和企業的互動。根據國際研究機構顧能的估計，到了 2022 年，72％的顧客互動將運用人工智慧、聊天機器人和手機即時通訊等新興科技。雖然數位介面不能完全取代人與人之間的互動，卻可以改善稀缺人力資源的運作效能。

Y 世代和 Z 世代的崛起會進一步刺激對增強行銷的需求（參見第 2 章）。這兩個世代把網路視為生活中不可缺少的一環、把科技視為個人的延伸。實際上，他們認為實體世界和數位世界之間沒有邊界，因此稱之為「實體數位化」世界。對於速度和隨選服務的需求將由數位介面取代。

增強行銷首先要明確界定科技何以能替第一線營運增

值。生產力提高的一項方法是建立分層的介面系統。在結構化的金字塔中，混合數位介面和真人介面，讓企業可以擴大規模，業者便可以騰出人力資源來從事有價值的工作。

分層銷售介面

在銷售過程中，最常見的顧客介面分層是以整個銷售漏斗為基礎的顧客生命周期。B2B 企業可以透過數位介面及早找到、培養待開發顧客，同時透過銷售團隊接觸合格的待開發顧客和積極的潛在顧客。透過這種方式，企業可以擁有更廣泛的待開發顧客群，同時他們可以將銷售人員的工作重點再次聚焦於完成交易。這樣的安排最為適當，因為銷售漏斗的最後步驟通常需要扎實的溝通與談判技巧。

零售企業還可以利用全方位通路的分層銷售介面。數位通路用於建立知名度、打造吸引力並鼓勵試用。顧客可以在網站或手機應用程式內瀏覽產品型錄，挑選自己喜歡的產品。絲芙蘭和宜家家居等公司便運用擴增實境，讓潛在買家能夠以數位方式「試用」產品。如此一來，顧客便是懷抱著購買意願來到實體店面，店員也就更容易推銷產品。

▍圖 11.1　分層銷售介面的增強行銷案例

漏斗頂端
聊天機器人以對話篩選待開發顧客，並且捕捉相關資料
漏斗中段
聊天機器人寄送教育類型的內容，培養待開發顧客
漏斗底部
銷售人員運用諮詢式推銷，說服篩選後的待開發顧客
銷售成功
銷售人員進行最後談判與成交

在銷售過程中，人類與機器的分工是根據整個漏斗的活動專業化。這類混合模式使用多元的銷售通路，從成本最低的通路到成本最高的通路，每個通路都扮演著特定的角色，將潛在顧客從銷售漏斗頂部推向底部，參見圖 11.1。

建構分層介面需要數個步驟，以在人類與電腦之間創造最佳的共生關係：

1. **確定銷售過程中的步驟**

   常見的銷售過程呈漏斗狀，這代表銷售團隊一步步篩選大量待開發顧客，最後剩下少量的顧客。銷售流程的品質將反映於整個漏斗的轉換率。漏斗頂端

（top of the funnel process, ToFu）包括建立知名度、開發潛在顧客、篩選顧客和捕捉顧客資料。漏斗中段（middle of the funnel, MoFu）通常包括把待開發顧客培養成積極的潛在客戶。最後，漏斗底部（bottom of the funnel, BoFu）包括當面說服潛在顧客、銷售談判與成交。

2. **建立可能的銷售介面清單**

在過去，銷售過程大幅仰賴貿易展和電子郵件行銷來建立知名度和開發潛在顧客。為了培養潛在顧客、促成買賣，企業得靠電話銷售和直接銷售團隊。如今有了先進科技，許多替代介面浮上檯面。數位行銷現在已有足夠的觸及率，可以進行宣傳活動。企業可以運用各個替代通路來消化待開發客戶，例如使用自助式網站、支援擴增實境的手機應用程式、支援人工智慧的聊天機器人和即時聊天等，這些通路的成本都偏低。

3. **漏斗活動與最佳介面相互搭配**

確定介面在流程中扮演的角色時，並非清一色都是以降低成本為目標。企業需要在效率和效果之間拿捏分寸。根據待開發顧客的檔案，行銷人員可以選擇貿易展等線下通路，或社群媒體等數位行銷通路，類似的邏輯也適用於漏斗中段和底部流程。雖然銷售團隊的效果最佳，卻仍然是最昂貴的選項。因此，大多數企業專門為漏斗底部保留寶貴的時間。對於漏斗中段，人工智慧聊天機器人就可以取代電話銷售的功能。

分層的客服介面

在客服過程中，也就是跟現有顧客打交道時，顧客分層最常見的基礎是顧客終身價值（customer lifetime value, CLV）或顧客忠誠度。

顧客終身價值是依據顧客粗估使用期限，預計從每位顧客身上產生的淨收入。顧客終身價值或級別低的顧客只能使用數位介面，因此服務成本低。另一方面，顧客終身價值高的顧客有特權與高成本的真人助理互動。服務品質分層成為顧客的誘因，讓他們可能多加購買、展現品牌忠誠度來拉高價值。

網路上有著豐富的資訊，因此民眾遭遇產品和服務的問題時，自己會先尋找解決方案。許多企業提供可供搜尋的線上資源，藉此帶動顧客自助的趨勢。許多企業還開發了教學論壇或社群，顧客可以前往彼此詢問解答。這類社群科技應用的助人志工會獲頒遊戲化徽章。這項方法是科技業者行之有年的最佳實務，如今也受到其他產業所採用。企業有了包山包海的知識庫和教學論壇，便可以預知顧客的問題，顧客也可以省下聯絡客服這種不必要的麻煩。

線上資源與論壇的知識庫成為龐大的結構化資料，企業得以把資料輸入機器學習演算法。顧客現在可以直接向人工智慧詢問解決方案，而不是在支援頁面或社群中尋找答案。自動化客服介面可能是聊天機器人或虛擬助理。不僅為客戶提供便利，更帶來理想中的即時解決方案。同理可證，來自客服中心和即時聊天的腳本和歷史紀錄，如今可以轉移到人工智慧引擎上，對於抱持常見問題的顧客來說，這類選項省下不少麻煩。

企業需要採取數個步驟來開發分層顧客支援系統，並在人類和機器之間奠定穩固的共生關係：

1. 建立常見問題知識庫

企業從歷史紀錄中明白，大多數顧客提出的問題都很基本又常重複。如果要客服人員來回答這些問題，實在沒有效率。因此，企業首先要將這些問題整理成便於查詢的資料庫。良好的結構與分類有助顧客搜尋內容。企業應該使用故事場景圖，善用實際的顧客案例（即顧客面臨的真實狀況和場景）。此外，良好的知識庫必須具有搜尋功能。最後，知識庫也應該不斷更新資訊。

2. 確定顧客分層模型

透過分析工具，企業可以將大量的交易快速分析成個別顧客紀錄。企業需要確定一套標準來評估每位顧客的價值。一般來說，分層涉及財務（營收、盈利能力）和非財務衡量標準（荷包占有率、使用期限、策略重要性）。根據這些標準，企業可以將顧客分成不同的層級。分層是動態過程，必須有個機制讓顧客能垂直上下移動。分層界定清楚後，就可以直接確定每層的服務成本預算，這些預算會決定每位顧客能取得的支援選項。

3. 打造多層顧客支援選項

企業可以利用知識庫來建立數種客戶服務管道。首先是將知識庫放在網站上，設立自助選項。知識庫有動態故事情景圖時，就可以輕易地轉移至聊天機器人和虛擬助理（例如 Alexa 能力）平台。顧客利用這些機器介面卻無法得到答案時，企業應該提供選項來升級到人與人互動介面，論壇和社群是賦權予顧客的絕佳方法。歸根究柢，客服人員必須隨時準備好在其他人無法提供答案時，寄送電子郵件、即時聊天或打電話來支援。企業不應該無差別提供所有選項，低層級客戶通常可以使用自助選項（線上資源和論壇），而高層級客戶則可以根據個別喜好取得所有類型的服務，參見圖 11.2。

提供數位工具給第一線員工

增強行銷不僅是分工合作的問題。數位化工具可以提升第一線員工與顧客直接互動的能力。現今，儘管電子商

圖 11.2　分層客服介面的增強行銷案例

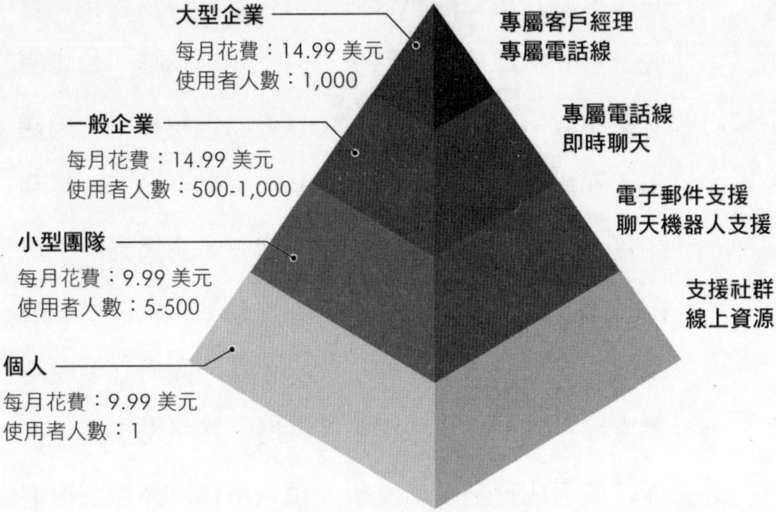

務和線上購物引發熱議，大多數零售業績仍然仰賴實體店面。顧客多半仍在線上搜尋、線下購物。因此，消息靈通的顧客花了數小時在網上研究好產品，最終來到實體店面時，便希望同樣有豐富產品知識的第一線員工與他們互動。

類似的趨勢也發生在服務業。顧客習慣先閱讀其他人的評論，再進一步前往飯店、專業服務公司或教育機構深入了解。這些較聰明的顧客抱持很高的期望，讓第一線員工的工作難度更高。

第一線員工極為重要，零售業和服務業等要高接觸的環境更是如此。即使在低接觸產業，第一線員工也往往成為服務補救的最後一道防線。他們經常可以成為差異化來源和品牌形象。重要的是，員工必須掌握企業對顧客的正確認知。面對顧客的員工是教育顧客最重要的媒介，這是其他方式難以企及之處。

第一線員工具備豐富的洞見，便可以提高工作效率、專注於銷售轉換率、交叉銷售和升級銷售，而不是對顧客妄加揣測。交易紀錄與人工智慧生成的產品推薦等資訊有助員工了解應提供顧客哪些產品服務。預測顧客需求的能力是第一線工作的關鍵。同樣重要的是提供個人化互動、建立顧客關係，把顧客當成多年的舊識。

對於目標是全方位通路體驗的企業來說，實體店面的數位化工具也有助於減少阻力。就以絲芙蘭的數位改造指南（Digital Makeover Guide）為例，顧客可以事先預約化妝師，抵達店內就可以瀏覽線上造型手冊，尋找妝容大改造的靈感。化妝師會使用名為色彩達人（Color IQ）的小型掃描器來確定膚色，以決定最適合顧客的色調。有了造型手冊和色彩達人的資訊，化妝師便可以尋找和掃描適合顧客的產品。一旦改造完成，化妝師可以透過電子郵件將步驟和已使用產品列表發送給顧客，這毋寧是有利於回購。

企業不僅要為顧客建立數位介面，還要為員工建立相應的介面。顧客資訊可以透過行動裝置或穿戴裝置進行傳送，例如飯店可以讓顧客使用客房內平板電腦或智慧型手機，直接或透過聊天機器人把需求傳給房務、餐廳或禮賓人員，這樣可以提升回應速度，從而創造更好的顧客體驗。

企業得按照以下數個步驟，提供合適的數位工具支援第一線員工。

1. 了解員工的挫折點

   企業在第一線營運中實施數位化工具時，最容易犯下的錯誤是只關注科技，而忽略運用科技的原因。理解員工體驗（EX）與理解顧客體驗（CX）兩者同樣重要。因此，第一步是將員工體驗歷程當作顧客體驗全貌的補強資訊。第一線工作既困難又有壓力，但也蘊含著很多洞見。企業需要傾聽面對顧客的員工心聲，並準確找出他們的挫折感。與顧客類似的是，員工通常感到沮喪的是效率不彰（即對他

們來說耗時的活動）以及萬一服務不周（無法滿足顧客需求）而遭客訴）

2. **確定科技何以成為解決方案**

一旦找出員工的挫折點，企業就需要找到有效的科技解決方案。大多數時候，企業都會關注可以整合到資訊科技系統的解決方案。但想要制定正確的選擇，關鍵在於讓員工參與整個過程，各種測試需要有員工的支持才能進行，將有助於企業及早預料執行中可能出現的問題，進而提高員工認同感。明白一線員工使用科技的方法同樣重要。企業需要選擇合適的硬體，智慧型手機和平板電腦是特定工作的標準數位工具，但對於其他需要自動應用的任務，穿戴裝置可能更為適合。

3. **關注變革管理**

增強行銷與行銷 5.0 其他元素不同的是，需要第一線員工和科技推動者之間的密切合作。最大的難題是對於變革的抗拒，擁有大量第一線員工的企業尤其如此，並非所有的顧客都精通科技，同樣地，也不是所有的員工都已做好數位化的準備，並不是每個人都能接受有科技輔助的感覺。數位能力升級的培訓固然是成功的關鍵，但學習的不僅是能力，還要有數位化思維。密切注意執行上的障礙、設法加以解決，也是企業在推廣過程中必須注意的問題。

總結：提供科技賦能的真人互動

人機共生效果最佳的領域之一就是顧客介面。對於直接的基本詢問，數位介面就足夠應付。但對於更多的諮詢互動，電腦的表現尚未優於人與人的介面。因此，分層結構中的分工確實合理。

在銷售過程中，漏斗的上層和中層可以交給機器負責，而下層則由銷售人員來執行。在顧客服務中，數位與自助式介面用來服務大部分的顧客，而客服人員則留給最有價值的顧客。企業應該利用人工智慧的有限應用，來確保數位互動的品質。

增強行銷的另一項重點，是用數位科技增加第一線員工的能力。無所不在的精明顧客就必須由隨時掌握情況的員工來服務。只要互動時具備資料帶來的洞見，員工就能為每一位顧客量身打造行銷方法。顧客和員工之間的雙向互動也能減少摩擦，最終改善顧客體驗。

行銷人的課題

- 思考哪些領域的第一線銷售與客服人員的生產力有待提升，哪些工作可以交給電腦接手？
- 如何讓第一線員工改善決策？舉例來說，銷售團隊如何運用顧客界定資料來提升銷售轉換率？

第 12 章

敏捷行銷

迅速執行大量業務

Zara 是過去十年來數一數二成功的快時尚品牌。不同於傳統服飾業者依靠較長的季節趨勢，Inditex（Zara 的母公司）仰賴的是極短的周轉時間，每年有超過萬種不同的設計。Inditex 可以在數週內將最新流行趨勢從伸展台帶到店面，而高速的背後是敏捷的設計和供應鏈。

Zara 密切關注著世界各地的明星服飾與時裝秀趨勢。同時，它還透過 RFID 追蹤來分析每個庫存管理單位（stock keeping unit, SKU）的店面銷售情況，即時確定哪些商品需求旺盛。市場洞見決定了分散式的設計師團隊針對哪類品項進行創作。採購工作往往與設計過程同步進行，進而加速整個流程。另外，Zara 產品通常小批生產，確保高庫存周轉率，同時也讓品牌在投入更多生產量前測試市場接受度。

Zara 的進入市場實務是敏捷行銷的典範。即時分析、分散式的快速反應團隊、靈活的產品平台、併發流程和快速實驗都是敏捷組織的特徵。有了這項模式，該品牌改變了民眾購買服飾的方式。

不過，快時尚零售是兩極化的產業。儘管擁有強大的支持者基礎，但零售商也招致了不少批評，其中又以大量浪費和剝削勞力為甚。敏捷的組織必須迅速察覺並因應市場的看法。因此，Zara 宣布支持循環經濟，透過回收與再利用來持續使用原料。Zara 也承諾在 2025 年前，所有服飾產品都將採用永續原料。

對於 Zara 敏捷度的最大考驗是該企業如何在後疫情世界中營運。Zara 通常將實體門市當作電商履約中心。在封城期間，全球眾多門市暫時停業，更有 1,200 家門市永久關閉，原本的營運計畫需要重新調整。線上業務和實體業務之間的整合會是該品牌在未來十年的關鍵。

為何要進行敏捷行銷？

高科技產業的特點是產品生命周期短。各企業爭先恐後地將產品推向市場，設法在科技過時之前獲取最大價值。企業需要關注、因應全新趨勢和不斷變化的顧客行為。由於從產品獲利的期限不長，新產品不斷推陳出新，因此高科技企業最先採用敏捷行銷（agile marketing）。

在節奏快速的數位世界中，許多產業，包括服飾、消費包裝品、消費電子與汽車，都正程度不一地縮短產品生命週期。在這些產業中，隨著新產品不斷湧現，顧客對產品的喜好也迅速變化。即使是顧客體驗也是有期限，一旦其他人急起直追並加以取代，一度引人注目的體驗就會變得過時。

永不斷線的數位環境造成這些喜好快速轉變。以往非常私密的顧客體驗，現今可以透過社群媒體昭告天下，每當企業想要複製相同模式時，便不如首次來得驚豔。時刻都在的顧客也要求時刻待命的品牌，二十四小時全年無休地滿足他們的需求。一切都是顧客隨選，或者像湯姆・馬奇（Tom March）所說新世代的心「WWW」（Whatever

Whenever Wherever，不分內容時間地點）。因此，企業必須更快速地持續監測、因應不斷發生的趨勢與對話。

傳統上預先計畫好的市場策略已不再奏效。在現今充滿波動、變數又複雜和模糊（VUCA）的時代，企業在擬定長期計畫後，一路推動起來必定得進行無數調整。實際上，大多數長期計畫在達到階段目標時就已過時了。

企業需要配合顧客改變的速度，同時超越競爭對手。敏捷度是現今不可或缺的特質。營運的穩定度曾是企業擴大規模與發展的唯一關鍵成功因素。儘管這項因素仍然重要，但必須輔以敏捷的團隊，成為全新成長引擎的催化劑。敏捷行銷是企業落實行銷 5.0 的最後一塊拼圖，適合當前節奏快速又難以預測的商業環境。

建立敏捷行銷

敏捷行銷需要傳統企業所缺乏的特定心態。新創企業由於可用資源稀少，理應已具備了敏捷的心態，需要在微薄的預算耗盡之前，迅速完成任務。然而，大企業應該採用不同的敏捷行銷，因為固有複雜結構和繁文縟節是敏捷

圖 12.1 發展敏捷行銷

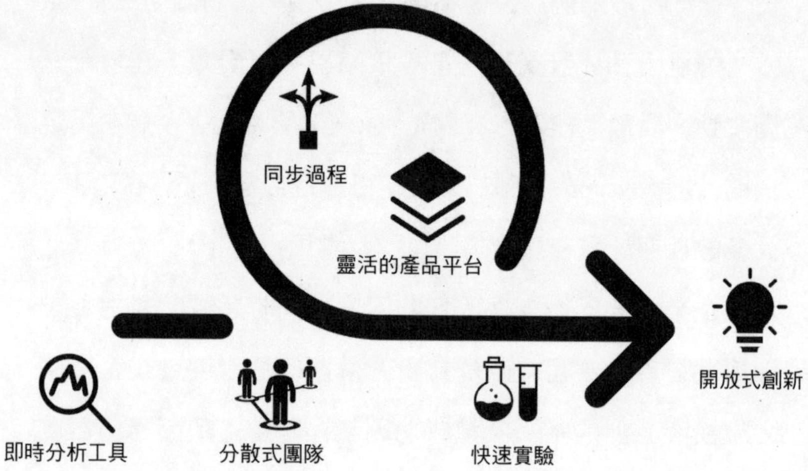

行銷的最大敵人。這些企業需要成立獨立的團隊，以確保他們的營運維持穩定與盈利，同時確保自己不會錯過「下一件大事」（the next big thing）的出現。

因此，敏捷流程通常只保留給專注於新成長引擎的創新專案。

敏捷行銷組織具有數個關鍵環節，參見圖 12.1。首先，企業需要建立即時分析系統。其次是建立分散的敏捷團隊，研究分析工具所產生的洞見。接著，這些團隊在靈活的平台上，設計出多種產品或活動布局。從構思到原型設計的同步過程中，他們不斷進行快速的實驗，一旦運用真實市場接受度分析來測試每個布局後，便會確定哪項布局帶來最有利的結果。在落實整個敏捷過程中，企業必須抱持開放的創新心態，充分利用內部和外部資源。

打造即時分析能力

敏捷行銷具有快速反應機制。因此，首先要建立的是分析能力，目的是找出需要解決的問題或發展的機會。為此，企業必須進行顧客資料採集，即時監控任何變化。社群聆聽工具，也稱為社群媒體監測，十分適用於追蹤社群媒體和線上社群中品牌或產品的相關討論。這些工具可以將未經整理的社群對話過濾成可用的顧客情報，例如關鍵詞、新興趨勢、兩極化觀點、品牌觀感、活動能見度、產品接受度和競爭對手的反應等。這些資料還有地理標籤的輔助，使企業能夠按區域和地點追蹤資料的洞見。

企業還需要追蹤流量和交易反映的顧客行為變化。企業可以追蹤網站的顧客旅程，並即時分析電子商務的購買情況。對於擁有實物資產的公司來說，POS 資料最為常見，可以評估某個產品的庫存管理單位是否得到市場的青睞。

企業運用產品的 RFID 標籤，就能更了解購買前的顧客旅程。舉例來說，零售商可以深入了解顧客在購買產品之前需要多長時間來決定，以及產品到達收銀台之前的歷程。

只要獲得顧客允許，RFID 標籤還可以充當穿戴設備來追蹤顧客動向，改善顧客體驗。迪士尼在其主題公園的魔法手環中嵌入 RFID，以追蹤遊客的動向。梅約診所在病人手環和員工識別證上使用 RFID，也是出於同樣的目的。B2B 企業則使用 RFID 追蹤工具來管理物流和最佳化供應鏈。

這些流量和交易資料有助於快速分析宣傳活動和結果之間的因果關係，或者產品發布和銷售之間的因果關係。其他領域的目標是找到最為契合的產品和市場。衡量成功的指標必須有其意義又可執行，企業才能準確地知道哪些活動或產品需要改進。即時分析使企業有能力進行實驗，並迅速獲得驗證式學習。

建立分散式團隊

敏捷行銷需要數支小型團隊進行不同工作，這些團隊會以即時分析產生的洞見為基礎。在敏捷行銷中，每支團隊都分配到一項特定任務，並按照規定的時間表完成。因此，各團隊的責任心自然更強。這項模式的靈感來自 Scrum，即最普遍用於敏捷軟體開發的方法。在行銷界，敏捷方法的應用可能包括全新顧客體驗設計、產品創新、行銷流程改善、創意行銷活動和新業務開發等。

敏捷行銷的一大障礙是組織壁壘（organizational silo）。許多大型組織難以統合不同職能與相互衝突的關鍵績效指標（KPI）。因此，每支敏捷團隊應該有專門的跨部門成員，他們擁有不同的專業知識：產品開發、行銷和科技。由於這些團隊規模較小，而且工作目標相同，因此可以消除壁壘，同時員工也會更加投入，覺得自己的工作很有意義。

除了減少摩擦，跨部門團隊適合於分歧的思維，這在任何創新項專案中都必不可少。跨部門團隊也是化想法為現實的必要條件。舉例來說，行銷人員負責詮釋洞見，工程人員則協助開發可用的原型。每支團隊都應該具備一切必要資源來獨立完成目標。

傳統的決策模式與多層審核流程對於敏捷行銷來說也過於繁瑣。決策需要快速完成，拖延只會大幅影響結果。因此，團隊必須擁有自主權，以及進行任務相關的分散決策權。靈活的模式需要企業高層做出強力的承諾，高階主管在敏捷行銷中的作用是監督進度、在策略層面給予回饋並且指導團隊，同時給予團隊充分自由。最重要的是，高階主管必須整合所有敏捷專案，並與企業整體目標接軌。

開發靈活的產品平台

敏捷團隊之所以處理時間快，最重要的原因是他們不會從頭開始建立新專案，而是每次推出的新版本都來自相同的基礎，這就是所謂的平台。舉例來說，顧客評估特定產品時，他們不會完全喜歡或討厭，可能僅不喜歡某些元素，同時又渴望有其他元素。因此，產品功能、軟體組件、顧客體驗接觸點或創意設計等都設計成模組化且分為多層。基礎平台作為核心產品，而其他模組則可以在上面進行不同組裝，以強化產品的功能。

軟體和其他數位企業在產品開發方面原本就更加靈活和敏捷。由於沒有實體資產，他們可以更能適應市場的波動和不確定性。儘管這項做法源於數位產品，但在硬體企業中也很常見。就以汽車領域來說，往往只有數個平台在進行產品開發。不同汽車型號有不同外觀，甚至不同汽車製造商品牌可能使用同一個平台。這項做法是為了節約成本，並落實全球製造流程標準化。如此一來，汽車製造商可以在保持低價的同時，還能提供客製化的設計，以滿足不同市場的偏好。

在某些情況下，企業將商業模式從硬體主導轉換為數位服務，以提高自身的敏捷度。硬體和軟體產品的銷售周期較長，因為如果改良並不明顯，顧客便不會頻繁升級。因此，敏捷行銷可能就不太有用，這就是為何科技業者從銷售企業軟硬體，升級成提供服務訂閱。在全新的營收模式下，他們可以提供整合度高又不斷升級的產品。

透過靈活的產品平台，敏捷團隊可以快速實驗各項布局，直到獲得最有利的市場回饋。但最重要的是，產品平台和模組化元件讓企業能夠進行大規模客製化。顧客可以為各類產品（例如霜凍優格、鞋子、筆電等）選擇獨特布局。

開發同步流程

創新專案通常遵循瀑布模式（waterfall）或階段關卡（stage-gate）模式，從構思到推動每個步驟都按順序進行。

每個階段結束時都有一個檢查點。因此，在前一個階段完成之前，不能進入下一個階段。多個檢查點使得這項方法非常耗時。

在敏捷行銷中，這個模式由同步流程所取代，即不同階段多管齊下。除了表面上速度較少，同步流程還有另一大好處。瀑布模型不適合大規模的長期專案，因為後期發現的錯誤可能意味著得從頭再來，而結構化模型也非常僵化，專案一旦啟動就不允許有重大改變。同步流程則是解決上述問題的方法。

由於不是按順序進行，創新每個環節，例如設計、生產、商業案例，都會在流程初期就納入考量。工作分成具有短期里程碑的小型工作流程（workstream），因此潛在問題可以在創新進入深度開發階段前就先發現、加以解決。

但同步的流程也帶來了部分需要克服的難題。最大的風險在於工作流程間的整合。團隊之間與內部得不斷協調，確保工作流程的一致和兼容。工作流程中的每個微幅進展和變化，都必須經過溝通，以便在其他工作流程進行調整。敏捷團隊必須每天召開簡短會議來進行協調。由於會議時間很短，因此他們必須迅速做出決定。剛接觸敏捷思維的人，可能會覺得極具難度。

在敏捷行銷中，開發階段也與實驗同時進行。敏捷團隊絕不會等待最新一代的市場反應測試，而是會繼續研發下一代。因此，為了影響後續的開發，市場測試必須在不同疊代間迅速進行。

進行快速測試

快速實驗是敏捷行銷數一數二重要的元素。傳統上，概念測試仰賴上市前的市場研究。上市前研究的重點是挖掘顧客洞見，當作新產品開發或活動創意的基礎。接下來在概念測試中，這些點子會先由一組受訪者檢驗。由於這些概念仍處於假設階段，而且通常沒有可參考的原型，受訪者很難想像最終的產品。因此，概念測試可能會有偏差。此外，在測試結果出來之前，往往會延遲一段時間，導致來不及做出改變。

然而在敏捷行銷中，實際產品是小批生產，並根據精實創業的規則賣給真正的顧客。具備堪用功能的早期產品版本稱作最小可行產品（MVP）。需要注意的是，產品的定義十分廣泛，可能包括實體產品、全新使用者介面或體驗、或者宣傳活動創意。儘快推出 MVP 實屬必要，這樣企業就可以第一時間學習，以備未來改善、強化產品。

快速實驗可以讓企業在控制下的環境中學習。實驗在特定地理位置隔離進行，這樣企業可以安全地管控失敗和風險，時間一久，就可以產生多次疊代，不斷讓產品愈來愈好。此外，即時分析工具可以讓企業在推出下一個版本或更大範圍推廣之前，立刻評估市場的接受度。

在進行實驗的過程中，不見得都能堅持原來的點子、只需不斷進行微幅改善。在某些情況下，接連數代的市場接受度都很差，敏捷團隊就必須決定徹底改變專案進程。分析獲得的全新洞見也可能改變專案的方向。在敏捷行銷中，這就稱作「轉向」（pivoting）。轉向往往十分困難，因為團隊必須回到原點，重新思考問題或機會。計畫進展不順利時，一般認為快速轉向的能力是傳統組織和敏捷組織的最大區別。

擁抱開放式創新

儘管敏捷行銷是以團隊為中心，但並不意味著企業必須在內部完成所有工作。為了縮短上市時間，公司必須同時利用內部和外部資源。由亨利・伽斯柏（Henry Chesbrough）率先提出「開放式創新」一詞，概念其實與敏捷行銷一致。這項方法使企業能夠接觸到全球各地的好主意、解決方案和專業人才。此外，透過這項模式，企業不需要建立自己的創新實驗室或研發中心等成本結構較高的設施。

如今，企業開放了自身創新過程，採用由內而外和由外而內兩種方式。各大企業將原本閉門造車的技術開放原始碼。如此一來，全球開發者社群就可以站在這些技術的基礎上努力，把改進成果回饋給源頭。舉例來說，Google已將開放了先進人工智慧引擎 TensorFlow 的原始碼。

企業也接受了來自外部網路的好點子。事實證明，顧客共創與第三方合作能夠加速和提升創新品質。企業可以透過多元方式廣納外部的見解，最常見的是開放式創新挑戰。企業可以公布自己面臨的挑戰，請外人提供解決方案。新加坡航空公司藉由 AppChallenge，設法翻轉顧客體驗的數位解決方案。蘇黎世創新錦標賽（Zurich Innovation Championship）為保險部門尋找科技創意，其中包括人工智慧和自然語言處理應用。

另一項蒐集外部解決方案的方法是藉助開放的創新市場。InnoCentive 這個平台就負責媒合創新需求方，以及換取現金獎勵的解決方。企業也可以建立自己的外部創新夥伴網絡。最知名的例子便是 P&G 公司的 Connect+Develop，這個平台協助該公司管理發明家與專利持有人的夥伴關係。

使用開放式創新模式的最大難題是敏捷團隊和創新夥伴的同步接軌。敏捷團隊通常是同地辦公，以確保在有限的時間內進行密切的合作。開放式創新則有賴敏捷團隊與外部各方進行合作，成為分散式的敏捷模式。

敏捷行銷專案管理

敏捷原則在行銷專案管理中的應用，需要快速而簡潔的文件。單頁工作表可以協助敏捷團隊思考具體的行銷專案，參見圖 12.2。由於協調對於敏捷體系至關重要，因此文件也是一項溝通工具，傳達每個周期中逐步的進展。

工作表必須包含數個基本要素。首先是市場需求部分，列出了有待解決的問題和按照即時資料的改善機會。建議

■圖 12.2　敏捷行銷工作表範例

敏捷行銷工作表

行銷計畫	重整銷售接觸點顧客體驗
工作流程	開發生成潛在顧客的聊天機器人
周期	1.0
時間表	七月第一週到第四週

團隊

Bill（業務部門）
Lea（客服部門）
John（行銷部門）
Arianna（電銷部門）
Taylor（IT 部門）

市場需求

顧客問題

- 網站上詢問的平均回覆時間：48 小時

內部問題

- 每月顧客詢問次數：5,000 次
- 行政人員：2 名
- 每月合格待開發顧客：500 名
- 詢問類型：58%產品相關、11%演示需求

解決方案／改進方法

最小可行產品

- 根據現有聊天機器人建置平台
- 可立即回覆的對話型聊天機器人
- 能回答 50%與產品相關的問題

重要目標與評量指標

- 首月聊天機器人使用者：1,000 人
- 首月合格待開發顧客：500 名

事	時	人
比較並選擇平台	第一週	Taylor
開發常見問題（FAQ）回覆	第一週到第二週	Bill
設計對話流程	第二週到第三週	Lea
打造故事場景圖	第二週到第三週	John
建立 beta 版本	第三週到第四週	Taylor
部署 beta 版本	第四週	Taylor

行銷測試結果

重要目標與評量指標

- 首月聊天機器人使用者：500 人次
- 首月合格待開發顧客：50 名

回饋

- 聊天機器人在網站上的位置不明顯；訪客不曉得有聊天機器人
- 每位使用者平均互動數：2.3 次；加進「重要目標與評量指標」
- 需要增加更多使用案例，接下來的優先要務是自動化演示排程

的解決方案和疊代也必須妥善記錄，特別是最小可行產品的定義。工作表還應該包含核心任務，並列明時間表和負責人。最後，工作表必須記錄市場測試結果，這將對下一代產品有所助益。

工作表必須記錄每個周期或疊代，並發送給所有相關人員，但記錄過程絕對不能成為團隊的文件負擔，目的是讓每個行銷專案的行動與結果達標。

總結：迅速執行大量行銷計畫

在各個產業中，由於顧客期望不斷變化、新產品大量湧現，導致產品生命周期正在縮短。這種現象也出現於顧客體驗，即體驗會在短時間內過時。

傳統的行銷規畫和專案管理模式無法因應全新局面，長期的行銷策略已不再適用。一般認為，瀑布式或階段關卡的創新方式太過緩慢，無所不在的顧客要求企業保持組織的彈性，這就需要敏捷的行銷方法。營運的穩定性也必須與敏捷行銷相輔相成，讓敏捷行銷成為企業成長的催化劑。

敏捷行銷的執行需要數項組成要素。即時分析工具使企業能夠快速捕捉市場洞見。挖掘到全新的想法後，分散式的敏捷團隊再以少量且漸進的方式設計和開發行銷計畫。這些團隊利用靈活的平台和同步流程，推出最小可行產品。接著透過快速實驗對產品疊代進行測試。為了大幅加快這個流程，企業不妨接受開放式創新，並且充分運用內部和外部資源。

行銷人的課題

- 評估你所屬組織的敏捷度。你的組織實施敏捷行銷的障礙為何？
- 在組織中，你可以利用敏捷行銷設計、開發哪些行銷計畫？應用所有要素，並善用敏捷行銷工作表。

天下財經 437

行銷 5.0

科技與人性完美融合時代的全方位戰略，運用 MarTech，設計顧客旅程，開啟數位消費新商機

MARKETING 5.0: Technology for Humanity

作　　者／菲利浦・科特勒、陳就學、伊萬・塞提亞宛
譯　　者／林步昇
封面設計／ FE 設計工作室
責任編輯／鍾旻錦

發 行 人／殷允芃
出版部總編輯／吳韻儀
出 版 者／天下雜誌股份有限公司
地　　址／台北市 104 南京東路二段 139 號 11 樓
讀者服務／（02）2662-0332　傳真／（02）2662-6048
天下雜誌 GROUP 網址／ http://www.cw.com.tw
劃撥帳號／ 01895001 天下雜誌股份有限公司
法律顧問／台英國際商務法律事務所・羅明通律師
製版印刷／中原造像股份有限公司
總 經 銷／大和圖書有限公司　電話／（02）8990-2588
出版日期／ 2021 年 6 月 30 日第一版第一次印行
　　　　　 2021 年 7 月 21 日第一版第四次印行
定　　價／ 450 元

書號：BCCF0437P
ISBN：978-986-398-682-9（平裝）

直營門市書香花園　台北市建國北路二段 6 巷 11 號　（02）25061635
天下網路書店 shop.cwbook.com.tw
天下雜誌出版部落格——我讀網 books.cw.com.tw/
天下讀者俱樂部 Facebook www.facebook.com/cwbookclub

本書如有缺頁、破損、裝訂錯誤，請寄回本公司調換

國家圖書館出版品預行編目（CIP）資料

行銷 5.0：科技與人性完美融合時代的全方位戰略，運用 MarTech，設計顧客旅程，開啟數位消費新商機 / 菲利浦・科特勒，陳就學，伊萬・塞提亞宛著；林步昇譯 . -- 第一版 . -- 臺北市 : 天下雜誌 , 2021.06
　面；　公分 . --（天下財經 ; BCCF0437P）
譯自 : Marketing 5.0 : technology for humanity
ISBN　978-986-398-682-9（平裝）
1. 行銷學
496　　　　　　　　　　　　　　110006331

天下雜誌
觀念領先